徐腾 陈孜 鲁春辉◎著

地下水污染溯源

河海大學出版社
HOHAI UNIVERSITY PRESS
·南京·

内容提要

本书汇集了作者近年来在地下水污染溯源方法探索及应用方面的研究成果。研究从将集合卡尔曼滤波应用于地下水污染源的多参数联合识别开始，逐步扩展到开发重启集合卡尔曼滤波实现污染源参数及含水层参数的联合识别，最终在更接近实际的非高斯渗透场含水层实现了污染源参数和含水层参数的联合识别。这些研究成果推动了集合类方法在地下水污染溯源领域的发展，并将相关科学理论拓展至更贴近现实的地下水污染溯源应用。

本书不仅适合作为水文学、生态学、遥感学、地质学、统计学、环境物理以及相关工程学科的研究生了解地下水污染溯源及参数反演的发展历程和学习相关方法的参考教材，还可为从事地下水数值模拟以及地下水环境保护及修复的科研人员、教学工作者及工程技术人员提供重要参考依据。

图书在版编目(CIP)数据

地下水污染溯源 / 徐腾，陈孜，鲁春辉著. -- 南京 ：河海大学出版社，2025. 6. -- ISBN 978-7-5630-9795-1

Ⅰ. X523

中国国家版本馆 CIP 数据核字第 2025K82S92 号

书　　名	地下水污染溯源 DIXIASHUI WURAN SUYUAN
书　　号	ISBN 978-7-5630-9795-1
责任编辑	张心怡
特约校对	马欣妍
封面设计	张世立
出版发行	河海大学出版社
地　　址	南京市西康路 1 号(邮编:210098)
电　　话	(025)83737852(总编室)　(025)83722833(营销部)
经　　销	江苏省新华发行集团有限公司
排　　版	南京布克文化发展有限公司
印　　刷	广东虎彩云印刷有限公司
开　　本	718 毫米×1000 毫米　1/16
印　　张	9
字　　数	194 千字
版　　次	2025 年 6 月第 1 版
印　　次	2025 年 6 月第 1 次印刷
定　　价	56.00 元

前言

Preface

与地表水相比，地下水的流动与循环非常缓慢，一旦污染物进入含水层中就会造成持久且难以消除的污染。通常，当地下水污染被发现时，要准确定位其污染源已变得十分困难。近四十多年来，地下水污染溯源一直是地下水研究领域的热点方向。

最早，地下水污染源识别及参数反演的设想可以追溯到 1981 年 Steven Gorelick 的博士论文。迄今为止，地下水污染溯源的方法大致可分为优化方法、概率方法和确定性方法。其中，概率方法中的重启集合卡尔曼滤波(r-EnKF)以其优异的参数识别性能，成为当前地下水污染溯源领域较为前沿的方法。此前，集合卡尔曼滤波(EnKF)主要应用于石油工程和水文地质领域的静态参数识别，而本书作者及研究团队尝试将其拓展到污染源的动态参数识别中，并系统测试了该方法及其扩展版本(重启集合卡尔曼滤波，r-EnKF)在地下水污染溯源中的表现。在随后的研究中，研究团队首次在渗透系数空间分布复杂且未知的情况下，实现了渗透系数场与污染源的联合识别。这一成果标志着污染源识别算法在适用性方面实现了重要突破，为地下水污染的溯源与治理提供了更加广泛的应用前景。

本书将系统性地介绍污染源识别方法的发展历程，并分章节介绍作者及研究团队在将集合卡尔曼滤波应用于地下水污染溯源问题的各项研究成果，不断深入地将集合卡尔曼滤波、重启集合卡尔曼滤波、集合平滑数据同化方法(ES-MDA)应用于污染物溯源，最终扩展污染源识别算法的适用性，使其能够在更贴近现实的情况下进行污染源识别。

全书共包括六章：第一章介绍国内外关于地下水污染物溯源和参数反演的研究历程和研究现状；第二章将同化算法正态集合卡尔曼滤波(NS-EnKF)首次应用于地下水污染物溯源，通过案例研究证明其污染源识别性能；第三章将传统正态集合卡尔曼滤波改进，使用重启正态集合卡尔曼滤波(rNS-EnKF)联合识别污染源参数和渗透系数；第四章将重启集合卡尔曼滤波(r-EnKF)的应用进一步拓展，在砂箱试验中将其用于识别污染源参数和含水层中"截渗墙"的位置及长度；第五章引入集合平滑数据同化(ES-MDA)并将其首次用于联合识别含水层的非均质渗透场和污染物源信息，同时将其与 EnKF 进行对比，进而分析两种方法在污染源识别中的利弊；第六章将 rNS-EnKF 用于识别非高斯渗透系数砂箱中的污染物泄漏，推进了 rNS-EnKF 在具有渗透系数非均质性的地下水污染物溯源中的实际应用。

目录

Contents

第一章　绪论 …… 001
第一节　国外研究现状 …… 003
第二节　国内研究现状 …… 006
第三节　研究内容 …… 009

第二章　污染源位置、初始释放时间及初始释放浓度的联合识别 …… 011
第一节　研究背景 …… 013
第二节　研究方法 …… 014
第三节　案例研究 …… 017
第四节　总结与讨论 …… 024

第三章　污染源信息与渗透系数的联合识别 …… 025
第一节　研究背景 …… 027
第二节　重启正态集合卡尔曼滤波 …… 028
第三节　案例研究 …… 032
第四节　结果 …… 035
第五节　总结与讨论 …… 049
第六节　附加案例：无信息的先验边缘分布 …… 050

第四章 在砂箱实验中识别地下水污染源及“截渗墙”参数 …………… 055
第一节 研究背景……………………………………………………………… 057
第二节 研究方法……………………………………………………………… 058
第三节 实验情况……………………………………………………………… 061
第四节 应用…………………………………………………………………… 063
第五节 总结与讨论…………………………………………………………… 076

第五章 集合类方法在识别地下水污染源信息和渗透系数中的比较 … 077
第一节 研究背景……………………………………………………………… 079
第二节 研究方法……………………………………………………………… 080
第三节 应用…………………………………………………………………… 084
第四节 结果…………………………………………………………………… 087
第五节 总结与讨论…………………………………………………………… 097

第六章 非高斯渗透系数砂箱中的污染物泄漏识别…………………… 099
第一节 研究背景……………………………………………………………… 101
第二节 研究方法……………………………………………………………… 102
第三节 砂箱实验……………………………………………………………… 107
第四节 场景定义和集合初始化……………………………………………… 109
第五节 性能评估……………………………………………………………… 111
第六节 结果…………………………………………………………………… 111
第七节 总结与讨论…………………………………………………………… 121

参考文献 …………………………………………………………………… 123

附录 A 第五章场景 S4 和 S5 的结果 ………………………………… 136

第一章

绪　论

第一节 国外研究现状

地下水污染源识别是在观测到污染羽流时空分布的前提下，推求污染源相关信息的参数反演问题。由于很少有反演模型是明确已知的，也没有必要的观测数据，导致参数反演比正向建模要难得多。

地下水污染源识别及参数反演研究可追溯至 1981 年 Steven Gorelick[1]的博士论文，该论文关注的重要问题之一是如何确定泄漏到含水层中的污染物的源位置及泄漏强度，该问题的相关研究也被其作为学术论文发表。在该研究中，Gorelick 将识别与污染物扩散含水层相接触的管道泄漏部分的位置及强度视为优化问题，除八个潜在管道泄漏的源强度未知外，所有的模型参数均为已知且均质。不久后，Hwang 和 Koerner[2]注意到了这项研究，他们针对污染源识别与动态网络设计相结合的问题提出了另一种解决方案，使用系统敏感性理论（控制理论的一个分支）在二维合成含水层中进行了演示，并宣布随后将进行三维问题的研究，但该研究并未正式发表。最终，Datta 等人[3]的研究成果的发表宣告了 20 世纪 80 年代这十年间相关研究的结束，期间的相关研究基本都使用了与 Gorelick 等人[4]相同的方法来解决地下水污染溯问题。

Bagtzoglou 等人[5]在 1991 年基于 Dagan[6]的随机传输运移理论提出了污染源识别问题的概率解。当释放时间已知时，利用当前浓度的空间分布进行后向粒子追踪并生成概率图，其中最高值的位置对应着污染源的位置。虽然该研究存在一些未解决的问题，即源位置的识别必须建立在速度场完全已知并且所有污染源都在同一已知时间开始释放的基础上，但它为解决污染源识别的问题开辟了一条新路径。在后续研究中，Bagtzoglou 等人[7]解决了其中的一些问题，如当释放时间或速度场未知时如何进行源位置识别，并提出了具有不确定性的源位置和释放时间的概率计算方法。

但从现实的角度来看，若不能进行含水层中水流流动与溶质运移相关参数的联合识别，上述研究的实际应用价值并不大。Wagner[8]是第一个意识到假设渗透系数或流速的空间分布为已知是不现实的学者，他在 1992 年基于 Carrera[9]以及 Carrera 和 Neuman[10]的研究步骤提出了极大似然参数估计。前向的问题仍然相同，但目标函数主要取决于污染源、渗透系数、弥散性和边界通量等未知参数，这些未知参数都必须进行估计。Wagner[8]论证了极大似然估计在区域含水层参数识别中的成功应用，并将其应用于物质参数和污染源的同时估计。但该方法过于简单地概化了含水层的非均质性，使它仅局限于两个具有均匀流动和运移参数的区域，且假设源位置已知，只有质量负荷未知。在之后发表的几篇文章中，虽再次出现了同时估计含水层及污染源参数的情况，但对于含水层非均质性的概化大都非常简单。

后来的研究开始考虑识别连续时变的溶质注入方程。在1994年Skaggs和Kabala[11]的研究开展之前，污染源的识别要么是有限持续时间的恒定脉冲，要么是一系列的脉冲，但没有人考虑过识别时间的连续函数脉冲的可能性。由于反演问题的不确定性，他们首次引入了Tikhonov正则化思想，即通过增加附加项来修正目标函数。只要观测误差的量级不是太大，并且在羽流大部分消散前进行测量，就可以采用Tikhonov正则化解决固有的不适定逆问题。

1996年有两篇对解决污染源识别问题具有重要贡献的文章得以发表。Woodbury和Ulrych[12]的文章就是其中之一，他们将问题的焦点从确定性问题转移到了随机性问题，将待识别的参数视作具有未知概率密度函数(PDF)的随机变量，其优化方法旨在确定PDF，并从中提取期望值或中位数等估计值作为"真实"的模型参数。此外，他们还分析了Skaggs和Kabala[11]在1994年的研究中使用的相同注入函数，但不将污染源物质作为识别对象，并研究了观测误差的影响。另外一篇具有里程碑意义的文章撰写自Aral和Guan[13]，这是一篇使用启发式方法解决优化问题的论文。与Girelick等人[4]于1983年对问题的阐述相同，即在线性约束的条件下使数值模型的预测浓度和实际观测浓度间差异的目标函数最小化，且每个浓度均有约束条件。当含水层均质且参数已知时，能够很容易地从溶质运移方程中推导出上述约束条件。此外，Aral和Guan[13]还增加了一个额外的约束，即识别的参数(污染物进入含水层的通量)必须为正。这一解决方案的独创性是脱离标准优化算法后采用新的启发式算法，文中选择了遗传算法。由于所有启发式算法都需要对正向模型进行多次估计，导致这类算法的计算量很大，但它们不会陷入局部最小值，并且能够得到具有许多潜在局部极值的目标函数的全局最小值。这一研究表明遗传算法可以作为一种可行的替代标准优化算法的方案。

沿着Woodbury和Ulrych[12]的思路，1997年Snodgrass和Kitanidis[14]也采用了一种随机方法解决同样的识别问题，即假设污染源位置和描述含水层的其他参数均已知时，研究如何识别污染物进入含水层的时变释放函数，这是第一个将贝叶斯方法用于解决相关问题的研究。根据标准的地质统计学方法，将在注入周期内随时间离散化的注入强度建模为一个随机函数，其具有平稳但未知的均值及协方差函数，且分布已知（例如它可能为指数函数）。在研究中不对参数进行观测，但对污染源顺梯度的浓度进行了观测，对于保守性溶质而言，其与源参数线性相关。由于克里金法不能强制非负性，Snodgrass 和 Kitanidis[14] 描述了一种用于估计注入浓度的非线性变换（打破了参数与观测值间的线性关系）的迭代方法，以保证所有浓度的估计都为正。此外，该研究还利用 Skaggs 和 Kabala[11] 的基准注入函数对一维含水层进行了验证，并取得了不错的结果。

1998 年，第一篇解决三维领域中污染源识别问题的论文得以发表。Woodbury 等人[15] 将一维最小相对熵（MRE）的应用扩展到了三维羽流源的重建。该污染源是一个已知尺寸的矩形块，假设含水层为均质且参数已知，使观测值与源浓度间的线性关系得以保持。这一研究分析了使用有误差和无误差观测的案例，以及时空数据间的相互作用。此外，该方法还被应用于确定加拿大安大略省格洛斯特垃圾填埋场观测到的 1,4-二氧六环羽流的来源。含水层的底层模型必须遵循用于推导算法的简化原则，即在已知流量和运移参数的情况下，将其建模为均匀的。尽管不确定性区间较大，但其区间宽度小于先前研究的估计值，因此作者对研究结果较为满意。

直到 2004 年才出现第一篇探讨机器学习在污染源识别方面的潜力的论文。Singh 等人[16,17] 发表了两篇非常相似的论文，演示了使用人工神经网络来估计描述污染事件和含水层属性的参数。针对联合识别问题，采用了 14 个参数表征含水层和污染源：1 个为渗透系数（和其他含水层参数一样，在整个含水层内均质各向同性）、1 个为孔隙度（横向和纵向）、2 个为弥散度（横向和纵向），其余 10 个参数为两个污染源连续五年的注入强度（年内注入强度保持不变）。含水层参数是二维均质且已知的，两个污染源的位置也已知。通过考虑不同的人工神经网络架构，找到了一个具有较小预测误差的架构并用带有观测误差的数据进行演示，随后得出“这些模型可以用于污染源识别”这一结论。但有一点值得注意，即如果案例研究不同或含水层系统发生变化时，必须重新训练人工神经网络。

2012 年 Zeng 等人[18] 的研究标志着一个超越增量贡献的新发展。首先，他们将问题置于概率框架中，并使用贝叶斯计算给定观测结果（浓度观测）的参数（源位置和释放强度）的后验概率。其次，该研究中未采用地质统计学方法确定后验 PDF，而是提出了两种方法，一种是马尔科夫链蒙特卡罗方法（MCMC）对后验分布进行抽样，另一种是使用一个替代模型解决正向问题。其中，所选择的 MCMC 算法是 Haario 等人[19] 在 2006 年的研究中描述的延迟拒绝自适应 Metropolis 算法，所选择的替代模型是使用 Smolyak 算法的基于稀疏网络的差值[20]，该算法通过在参数空间的稀疏网格上插值计算出的正向模型的值来提供对正向模型的估计。这一研究共分析了两种二维综合案例，分别为有五个未知参数的均匀含水层情况和有十个未知参数的非均匀含水层情况，在假设渗透系数已知的前提下，两种方法均能够正确识别参数。Jiang 等[21]提出一种新的两阶段替代模型辅助的基于马尔科夫链蒙特卡罗的贝叶斯框架来识别稠密非水相液体污染地下水的污染源参数。在该框架中，提出了一个自适应更新反馈过程，在后验分布上构建一个局部精确的替代模型，以取代耗时的多相流模型。

Jha 和 Datta[22]在 2014 年引入了 Hwang 和 Koerner[2]曾以非常不精确的方式处理的现实情况，Amirabdollahian 和 Datta[23]在前一年的综述中也未经论证的提到这一点，即设计监测网络的目的是以尽可能低的观测成本识别污染源。尽管含水层的模型仍为均匀已知的，但提出的现实情况是没有一个布置好的观测位置网络，而是在一段时间内观测到井中有污染物后，再部署一个观测网络，最大限度地提高正确探测污染源位置和大小的可能性。该问题通过一种模拟优化方法得到了解决，将目标函数转换为动态时间弯曲距离的形式，当比较跨越相同长度、相同样本数量且没有缺失数据的两个系列值时，该距离与传统的欧氏距离一致。研究证明了最优网络设计对于识别其合成含水层中的时变污染源的有效性。

集合卡尔曼滤波(EnKF)[24]在石油工程和水文地质领域用于参数识别已有一段时间[25-30]，但其主要关注静态参数(如渗透系数)。EnKF 是一种基于及时收集观测数据和在每个收集步骤后更新参数估计的同化技术。它将正向模型的预测和观测结果进行比较后，可将估计修正为新的更新估计并用于下一次正向预测。然而，当待估计的参数为污染源位置时，只有将正向模型从时间零点重新启动，以考虑到更新的位置，从而将其及时纳入模型中进行预测，这一过程称为重启 EnKF(r-EnKF)。Xu 和 Gómez-Hernández[31]在 2016 年证明了 r-EnKF 应用于污染源识别的可行性，并在 2018 年进一步证明了通道化的非均质渗透系数空间分布可以与污染源参数(源位置、释放时间和源强度)共同识别[32]。这一研究成果是污染源识别算法的适用性上的真正飞跃，因为这是第一次在一个复杂且真实的渗透系数空间分布未知的情况下，将其与污染源同时进行识别。此外，定义含水层的其他参数均已知，如孔隙度、弥散度、边界条件及应力。

第二节　国内研究现状

国内针对地下水污染源识别的研究相比于国外起步较晚，研究发表的论文总量也相对较少，但近几年相关研究的数量在世界上是领先的，并且国内有相当数量的文章应用了最新的方法或对其进行一定创新后用于源参数的识别。为更直观的展示国内在污染源识别的研究方向近几年的研究数量，图 1-1 为第一作者机构所属国家发表论文数的直方图。美国为发表论文数量最多的国家，印度和澳大利亚在各国发表的论文数量中分列第三和第四，但如果按年份来划分，中国则是近几年的领跑人。图 1-2 为受统计的论文中所有署名作者的姓氏云图，虽然能够看到国内一些作者的姓氏，但在该领域中的主要影响人物为 Datta。

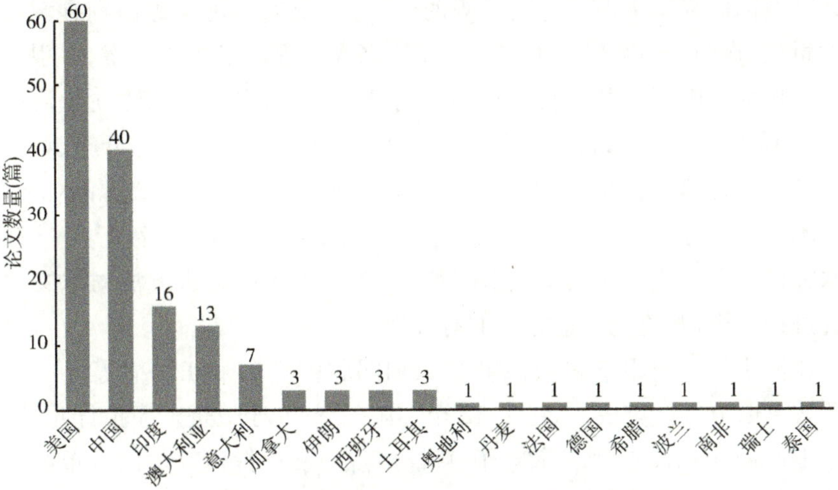

图 1-1　第一作者机构所属国家发表论文数

图 1-2　所有署名作者的姓氏云图

在国内地下水污染源识别的相关研究中，马尔科夫链蒙特卡罗方法（MCMC）、优化算法、集合卡尔曼滤波以及贝叶斯方法的应用较为广泛。

曹小群等人[33]在2010年开始将MCMC作为技术手段之一应用到污染源识别中，他们将对流-扩散方程源项识别问题视为贝叶斯估计问题，并利用MCMC求解了多点源的源强及位置的反演问题；Zeng等人[18]在2012年将污染源识别问题置于概率框架中，利用贝叶斯框架计算给定观测值的参数的后验概率，并采用MCMC对后验分布进行分析，对前向问题使用替代模型以节省似然函数多次评估及前向模型多次运行的计算时间，这一研究为污染源识别领域做出了卓越的贡献；在2016年，顾文龙等人[34]对MCMC提出了改进方案，并引入了替代模型以识别污染源释放历史。李雪利等人[35]根据假想案例建立了污染质运移模拟模型及基于Kriging方法的替代模型，并建立了基于正态分布、均匀分布和随机游走三种建议分布的MCMC算法以反演识别地下水污染源的释放历史，探究了不同建议分布对地下水污染源反演识别结果的影响。贺新月[36]针对确定性水文模型和随机水文模型提出两种MCMC方法的改进方法对水文模拟不确定性进行分析，并论证改进方法的有效性。

优化算法是早期用于解决污染源识别问题的方法。江思珉等人[37-39]为提高计算效率以节省计算成本，在2012至2013年间基于改进的模拟优化算法，先后采用Hooke-Jeeves吸引扩散粒子群混合算法、和声搜索算法以及单纯性模拟退火算法等一系列启发式算法，以反演地下水污染源强度。葛渊博等[40]应用基于SSA－BP神经网络替代模型的模拟-优化方法和SSA研究了地下水污染源位置及释放历史的反演识别问题，并在建立地下水水流模型时，应用Cholesky分解方法建立含水层渗透系数连续场。该方法相比于普通的参数分区方法更好地描述了水文地质参数的非均质性。结果表明，SSA－BP神经网络替代模型对模拟模型具有较高的逼近精度。

集合卡尔曼滤波已在石油工程和水文地质学中广泛应用[25,27-30]，并侧重于识别静态参数。江思珉等人[41,42]在2014年基于卡尔曼滤波技术的改进方法在尽可能减少采样点的情况下确定了污染源的位置及强度。崔尚进等人[43]在2016年对卡尔曼滤波进行了改进结合U－D分解的方法，并提高了污染源识别的有效性与准确性。由于传统的污染源识别方法面临着较大的计算负荷问题，而伴随状态方法只需运行少量的污染物运移模型即可完成识别任务，因此曹彤彤等人[44]通过均质及非均质的二维模型验证了一种基于泛函分析理论的伴随状态方法在地下水污染源识别中的适用性。

贝叶斯方法是解决污染源识别问题的主要方法之一，基于替代系统的贝叶斯不确定性分析能够进行高效且准确的监测设计与参数反演。张江江[45]在2017年以地下水污染源识别为目标，利用最优化观测井设计以及替代系统构造提高了参数反演的效率，并基于此提出了迭代局部更新集合平滑算法，解决了高维非高斯情况下的参数反演问题。2019年，Cao等人[46]提出解决污染源识别问题的新范式。在此前的相关研究中，大多都是采用含水层的特定模型（确定性或概率）获得参考数据，然后使用相同的模型求解识别问题。在实际情况下，含水层模型的不确定性很大，几乎不能已知。Cao等人采用概率模型，并使用了贝叶斯方法在一组潜在含水层模型中进行选择。该方法的可行性取决于所提出的模型所涵盖的范围。文章中设置了两个综合案例，一个是具有导流性空间分布的二维含水层，另一个是在实验室柱中进行的三维实验，该柱由两个形状和大小截然不同的连续块组成。模型仅在用于描述渗透系数非均质性的区域的大小和形状上有所不同，但这一研究为如何将含水层系统的不同描述结合起来，并共同确定模型描述和最优再现观测结果的源参数指明了一条路线。张双圣等[47]提出了基于贝叶斯公式与信息熵的监测井优化设计方法，此方法融合了多目标优化检测、基于拉丁超立方抽样的DRAM算法，并利用地下水污染理想模型验证了设计的可行性。朱嵩[48]对基于Metropolis-Hastings算法的多链搜索的方法进行了改进，并在地下水污染源识别问题的求解中表现出对非唯一性反问题的优良性能。

自第一篇文章发表以来的几十年间，关于地下水污染源识别问题的研究的数量呈指数增长，但只取得了小规模的进展。就目前而言，这一主题的研究仍然具有优化的余地，新的研究应该注重于探索一种根本性地新方法来解决问题，或者对以前的研究在适用性方面的局限性进行突破。

第三节 研究内容

本书的主要目的是利用观测信息通过多种集合卡尔曼滤波方法对污染源参数和含水层参数进行识别，并通过砂箱实验或数值模拟对方法的性能进行评估，以证明其参数反演能力。主要研究内容如下。

(1) 通过正态集合卡尔曼滤波(NS-EnKF)联合识别含水层中的污染源位置、初始释放时间及初始释放浓度，在案例中验证NS-EnKF在污染源识别领域的适用性。

(2) 根据污染源识别以及集合卡尔曼滤波的特性，将改进的卡尔曼滤波方法——重启集合卡尔曼滤波(r-EnKF)应用于污染源参数以及含水层渗透系数的联合识别中，通过案例分析表明重启集合卡尔曼滤波改进后的优势并验证其适用性。

(3) 将重启集合卡尔曼滤波进一步应用于污染源参数和含水层几何形状的联合识别，在砂箱实验中对其适用性加以验证并探究其是否能应用到更加真实的情况中。

(4) 将一种有效的参数反演概率法——集合平滑数据同化(ES-MDA)首次应用于污染源识别，并将本书的核心方法——重启集合卡尔曼滤波(r-EnKF)与其进行对比分析，以探究二者在识别污染源参数及非均质渗透系数方面的能力以及各自优势。

(5) 将重启正态集合卡尔曼滤波(rNS-EnKF)方法首次应用于非合成实验中，在非高斯渗透系数砂箱中识别污染物泄漏的相关参数，验证其是否能够在通道化非均质渗透系数含水层中共同识别污染源参数(位置、释放时间和源强度)，在污染源识别算法的适用性方面寻求突破。

本书在每个章节中将针对性地对该章节的研究背景以及研究方法进行介绍，虽然各章的研究背景及方法有一定程度上的重合，但它在保证各章节的结构完整性的前提下，使得各章节的主要研究内容更加突出，使读者更易于系统性地了解相应的知识。

第二章

污染源位置、初始释放时间及初始释放浓度的联合识别

第一节　研究背景

当发现饮用水井中存在污染物时，人们往往会提出以下问题：污染物是什么时候、在哪里以及以何种数量引入到含水层中的？如何利用位于污染事件下游监测井的观测浓度来回答这三个问题，已经成为多年来研究的重点。Gorelick 等人[4]在 1983 年使用最小二乘回归和线性规划结合污染物运移模拟，通过匹配模拟浓度和观测浓度来确定污染源位置。Woodbury 和 Ulrych[12]在 1996 年采用最小相对熵法在一维系统中恢复了羽流的释放历史，并在 1998 年的研究中将其扩展到了三维[15]。Michalak 和 Kitanidis[49]在 2003 年提出了一种贝叶斯随机逆建模框架来估计污染历史，并在 2004 年的研究中将其扩展到估计污染物在给定时间点的先验分布[50]。Neupauer 和 Wilson[51]在 1999 年使用后向概率模型推导了迁移时间的概率密度函数，随后在 2006 年的研究中通过在测量浓度上调节后向概率密度函数对方法进行了扩展[52]。

然而，上述方法都无法同时识别污染源位置和释放时间，它们都需要已知其中一个参数才能确定另一个参数。Mahar 和 Datta[53]在 2000 年开发了一种非线性优化模型，主要用于估算非稳定流动条件下地下水污染事件的量级、位置及持续时间，该模型将地下水流动和溶质运移的控制方程作为约束条件纳入了优化模型中。Aral 等人[54]在 2001 年提出了一种渐进式遗传算法解决了一个迭代非线性优化问题，其中污染源位置及释放历史被定义为明确的未知变量。Yeh 等人[55,56]在 2007 年及 2014 年的研究中开发了一种将模拟退火算法和禁忌搜索算法与三维地下水流动和溶质运移模型相结合的方法，用以估计源位置、释放浓度和释放周期，其中，污染源位置通过禁忌搜索在可疑污染源区域内确定，而释放浓度和释放时间的尝试值由模拟退火生成。Butera 等人[57]和 Cupola 等人[58]分别在 2013 年和 2015 年提出了一种随机程序（同步释放函数和源位置识别，SRSI），通过贝叶斯地质统计法估计源位置和释放历史，先初步划定可能的污染源区域，最终定位到污染注入最有可能发生的子区域。Gzyl 等人[59]在 2014 年开发了一种多步骤方法来识别污染源位置及其释放历史，该方法主要包括执行整体抽水试验、识别污染源以及通过地质统计法恢复释放历史三个步骤。

在本章的研究中，将研究重点置于如何同时识别连续点源的位置、初始释放时间和初始释放浓度上。采用的研究方法为正态集合卡尔曼滤波（Normal-

Score Ensemble Kalman Filter ,NS-EnKF)[60],它是集合卡尔曼滤波(EnKF)的一种变体,已被证明对识别高度异构、非高斯的渗透系数或孔隙率十分有效[30,61,62],但它从未被应用于污染源识别。EnKF 是一种同化算法,随着对系统状态信息的同化,它会不断优化对参数的估计,但与前文所述的大多数方法相反,它并不是一种优化方法。

本章的脉络如下:首先对研究方法进行说明,然后测试分析 NS-EnKF 在确定性合成承压含水层上的性能,最后对研究结果进行阐述与讨论。

第二节　研究方法

本章旨在探究正态集合卡尔曼滤波(NS-EnKF)在同时识别溶质从点源连续注入承压含水层时的参数的适用性,其参数主要为注入位置、注入时间和注入浓度。假设建立地下水流动和溶质运移模型所需的其余信息都已知,虽然该假设不够接近实际,但本章的主要目的是探究 NS-EnKF 在识别污染源参数方面的潜力,而这些参数与 EnKF 在地下水反演建模中应用时考虑的参数大不相同。

由于 EnKF 是一种同化算法,通过同化系统状态的观测数据进而重新估计所需识别的参数,因此滤波器需要明确参数与状态的关系,在本研究中该关系由地下水流动与溶质运移方程给出。

一、地下水流动与溶质运移方程

为了不失一般性,假定流场始终为稳态,其控制方程为

$$\nabla \cdot (K \nabla H) + q = 0 \tag{2-1}$$

式中:$\nabla \cdot$ 为散度算子;∇ 为梯度算子;H 为水头,[L];K 为渗透系数,$[LT^{-1}]$;q 为含水层的单位体积注入流量,$[LT^{-1}]$。

另外,在不失一般性的情况下假设溶质在含水层中运移受到平流和弥散的影响,其控制方程[63]为

$$\frac{\partial(\theta C)}{\partial t} = \nabla \cdot [\theta(D_m + \boldsymbol{\alpha v}) \cdot \nabla C] - \nabla \cdot (\theta \boldsymbol{v} C) - q_s C_s \tag{2-2}$$

式中:C 为溶液浓度,$[ML^{-3}]$;t 为时间;θ 为有效孔隙度;D_m 为分子扩散系数,$[L^2T^{-1}]$;$\boldsymbol{\alpha}$ 为弥散张量,[L];$\boldsymbol{v}$ 为与水头有关的流速矢量,$[LT^{-1}]$,通过 $\boldsymbol{v}$ =

$(-K\nabla H)/\theta$ 得到；q_s 为含水层的单位体积源或汇流量，$[T^{-1}]$；C_s 为源或汇通量的浓度，$[ML^{-3}]$。

采用数值模型 MODFLOW[64] 对式(2-1)进行有限差分求解，所得水头用于计算式(2-2)中的流速 $\boldsymbol{v}$。采用数值代码 MT3DMS[63,65] 对运移方程进行求解，在 MT3D 中选择隐式有限差分法对式(2-2)的平流和弥散分量求解。

二、正态集合卡尔曼滤波

当参数和状态变量均为多高斯分布且呈线性相关时，采用卡尔曼滤波最为合适[26]。在研究的案例中，无论是参数(污染源位置和释放历史)还是状态变量(溶质浓度)都不是多高斯分布或线性相关的。开发 EnKF[24] 是为了规避状态转移函数的非线性所引发的问题[62,66]，而后为了解决非高斯问题又开发了正态集合卡尔曼滤波(NS-EnKF)[60]。在使用 NS-EnKF 的过程中，识别污染源与其他一般应用的主要区别在于：浓度对污染源位置与释放时间具有强烈依赖性，一旦开始模拟，就不能将更新的污染源位置引入状态转移方程。因此需在每次同化后，再次从时间零点重新开始模拟状态变量的瞬态演变。

下文将介绍用于污染源识别的 NS-EnKF 算法。在收集状态数据观测之前，生成一个包含 N_e 个实现的参数集合。在本研究中有四个独立参数，X 表示 x 坐标，Y 表示 y 坐标，T 表示初始释放时间，P 表示污染源浓度。独立参数的初值源于范围足够大的均匀分布，组成 N_e 个四元组(X_0, Y_0, T_0, P_0)，其中下标“0”表示在时间 $t=0$ 时的参数估计。随后算法进入预测与更新的循环。在预测过程中预测未来某一特定时间的状态变量，然后观测这一时间的状态数据，利用观测的预测值和实际观测值间的差异更新参数。循环过程如下。

1. 预测。

在观测时间 $t-1$ 的最后一次参数更新后，从时间零点到观测时间 t 重新运行地下水流动与溶质运移的代码。如上文所述，参数更新使污染源位置坐标发生变化，正说明这种坐标变化的唯一方式是从头开始重新运行代码。

$$C_t = \psi(C_0, X_{t-1}, Y_{t-1}, T_{t-1}, P_{t-1}) \tag{2-3}$$

式中：ψ 为状态转移方程。在本研究中使用 MODFLOW 和 MT3D 代码进行数值模拟。通过简单应用时间 $t-1$ 的更新值，参数值也被“预测”到时间 t：

$$(X_t, Y_t, T_t, P_t) = (X_{t-1}, Y_{t-1}, T_{t-1}, P_{t-1}) \tag{2-4}$$

与 EnKF 的标准应用相反，$t+1$ 时间的状态并非通过预测时间 t 时计算出的更新状态而得到。因为当源参数更新时，只能通过从时间零点重新运行模型

才能得到正确的 $t+1$ 时间的状态。因此，EnKF 在标准应用中出现的质量平衡问题可以通过此种方式解决。

2. 观测。

在采样点观测到浓度 C_t^o 。为了简化公式，假设观测发生在数值代码的节点上，否则需要引入某种内插法，将预测值映射到观测位置上。

3. 同化。

采样点的预测浓度与观测浓度不一致，其参数值将根据 NS-EnKF 进行更新。

(1) 参数的正态转换。由于参数取自均匀分布，当参数为多高斯分布时使用 EnKF 的效果最佳。四元组 $\boldsymbol{S}_t=(X_t,Y_t,T_t,P_t)$ 通过相应的正态转换函数将其转换为高斯偏差：

$$\widetilde{\boldsymbol{S}}_t=\begin{pmatrix}\widetilde{X}_t\\\widetilde{Y}_t\\\widetilde{T}_t\\\widetilde{P}_t\end{pmatrix}=\begin{pmatrix}\phi_{X,t}(X_t)\\\phi_{Y,t}(Y_t)\\\phi_{T,t}(T_t)\\\phi_{P,t}(P_t)\end{pmatrix} \tag{2-5}$$

在 NS-EnKF 的原始公式中，参数和状态变量都经过了正态转换，但本次及先前研究经验表明，即使状态变量没有经过正态转换，此方法仍然能够识别非高斯参数，这就是本研究只对参数进行了正态转换的原因。

(2) 协方差计算。从参数的正态变换集合和观测点的预测值集合中，计算参数和浓度的互协方差 $\boldsymbol{D}_{\widetilde{S}C^{f,o}}$ 以及浓度的自协方差 $\boldsymbol{D}_{C^{f,o}C^{f,o}}$ ，其中使用上标“ f,o ”说明此计算只用于观测点的预测浓度。

(3) 更新。对于每一个集合的四元组，根据方程对参数进行更新：

$$\widetilde{\boldsymbol{S}}_t^a=\widetilde{\boldsymbol{S}}_t+\boldsymbol{G}_t(\boldsymbol{C}_t^o+\boldsymbol{e}_t-\boldsymbol{C}_t^{f,o}) \tag{2-6}$$

式中：$\widetilde{S}_t^a$ 为更新后的正态参数四元组；$\widetilde{S}_t$ 为预测的正态参数四元组；$\boldsymbol{C}_t^o$ 为观测浓度向量；$\boldsymbol{C}_t^{f,o}$ 为观测位置的预测浓度向量；$\boldsymbol{e}_t$ 为观测误差向量(对集合中的每个组元都不同，并且是从均值为零、协方差矩阵为 $\boldsymbol{R}_t$ 的正态分布中抽取的)；$\boldsymbol{G}_t$ 为卡尔曼增益，由下式计算得出：

$$\boldsymbol{G}_t=\boldsymbol{D}_{\widetilde{S}C^{f,o}}(\boldsymbol{D}_{C^{f,o}C^{f,o}}+\boldsymbol{R}_t)^{-1} \tag{2-7}$$

由于时间 t 的预测以及更新的参数值 S_t^a 必须从时间零开始运行，因此浓度没有更新。

(4) 逆变换。使用式(2-5)的正态变换方程的逆方程，将更新的参数四元组逆变换到集合的每个组元的参数空间中：

$$\widetilde{\boldsymbol{S}}_t = \begin{pmatrix} X_t^a \\ Y_t^a \\ T_t^a \\ P_t^a \end{pmatrix} = \begin{pmatrix} \phi_{X,t}^{-1}(\widetilde{X}_t^a) \\ \phi_{Y,t}^{-1}(\widetilde{Y}_t^a) \\ \phi_{T,t}^{-1}(\widetilde{T}_t^a) \\ \phi_{P,t}^{-1}(\widetilde{P}_t^a) \end{pmatrix} \tag{2-8}$$

4. 返回第一步，重新按照以上步骤运行，直到同化所有的浓度观测值。

第三节　案例研究

将 50 m×50 m×5 m 的二维含水层离散为 50×50×1 的单元。渗透系数在空间上非均质，渗透系数的对数服从均值为 2.5 ln(m/s)，标准差为 1.5 ln(m/s)，范围为 20 m 的各向同性指数变异函数的多元高斯分布(见图 2-1)。

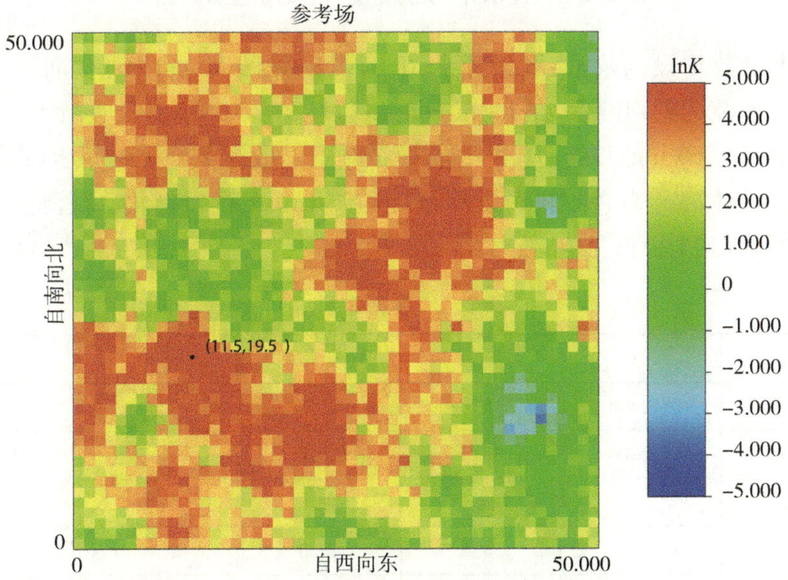

图 2-1　lnK 的参考场及污染源位置(黑点)

含水层的四个边界均不透水，在(4.5 m，9.5 m)和(4.5 m，39.5 m)处有两口注水井，其注入速率为 2 m^3/d。在(44.5 m，9.5 m)和(44.5 m，39.5 m)处有两口抽水井，抽水速率为 2 m^3/d(见图 2-2)。

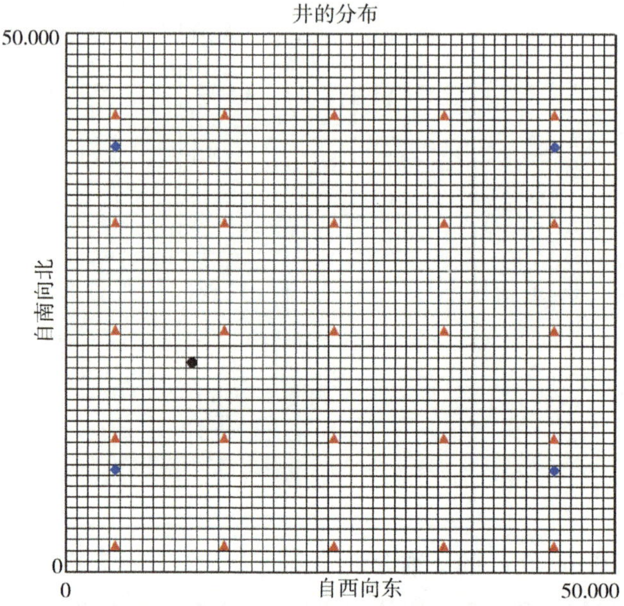

蓝色菱形为靠近西边界的注水井和靠近东边界的抽水井，红色三角形为观测井，黑点为污染源。

图 2-2　抽注水井、观测井及污染源位置分布图

其余参数均设为均质：孔隙率为 0.3，纵向弥散度为 1 m，横向弥散度为 0.01 m。水流达到稳态后，在 t=80 d 时从(11.5 m，19.5 m)处连续 1 000 d 准时释放浓度为 60 mg/L 的污染物。将模拟时间离散为 100 个时间步，在每个时间步结束时对 25 个观测点进行观测，并由 NS-EnKF 进行同化。观测点位置如图 2-2 所示，其坐标值见表 2-1。

表 2-1　观测井坐标

x/m	y/m	x/m	y/m	x/m	y/m
4.5	2.5	4.5	22.5	4.5	42.5
14.5	2.5	14.5	22.5	14.5	42.5
24.5	2.5	24.5	22.5	24.5	42.5
34.5	2.5	34.5	22.5	34.5	42.5
44.5	2.5	44.5	22.5	44.5	42.5

续表

x/m	y/m	x/m	y/m	x/m	y/m
4.5	12.5	4.5	32.5		
14.5	2.5	14.5	32.5		
24.5	2.5	24.5	32.5		
34.5	2.5	34.5	32.5		
44.5	2.5	44.5	32.5		

由以真值为中心的较大范围的均匀分布中生成 1 000 个参数四元组的初始集合，它们分别是 $X\in U[5,15]$ m、$Y\in U[15,25]$m、$T\in U[50,150]$d 和 $P\in U[10,180]$ mg/L。图 2-3 为各参数初始分布的直方图。对于每个四元组，在其余参数与参考场完全相同的情况下模拟水流流动与溶质运移在接下来的 50 个时间步（时长 623 d）中观测参考场的浓度，并经由 NS-EnKF 同化使每个时间步中产生一个新的参数四元组集合。如下图所示，这些四元组将收敛到真实释放位置、释放时间与释放浓度。

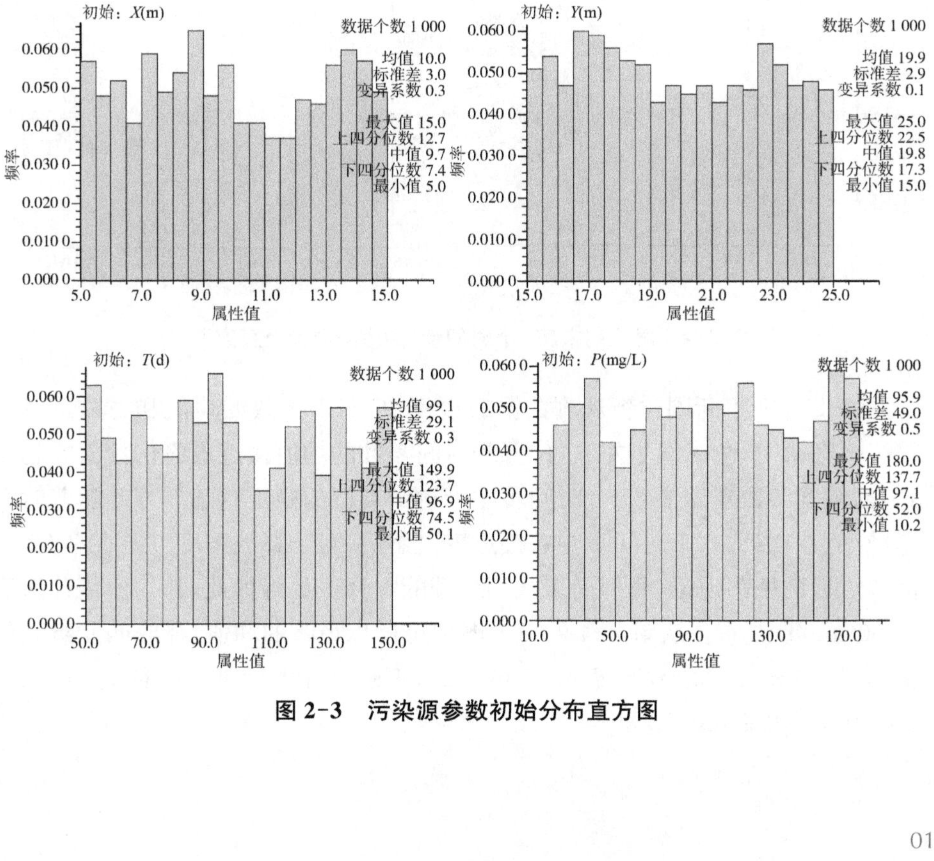

图 2-3 污染源参数初始分布直方图

下面将通过图片说明污染源识别的时间演变及如何在运移模拟代码允许的分辨率内正确识别污染源。图 2-4 为第 50 个时间步结束时更新的四元组的直方图，考虑到 MT3DMS 用于模拟运移的特定参数只能指定在哪一含水层单元注入溶质，因此通过单元离散化可以更准确地确定污染源位置。释放时间的区间确定为［79.5，80.5］d，释放浓度的区间确定在［59.5，61.0］mg/L，其与 60 mg/L 的初始释放浓度非常接近。

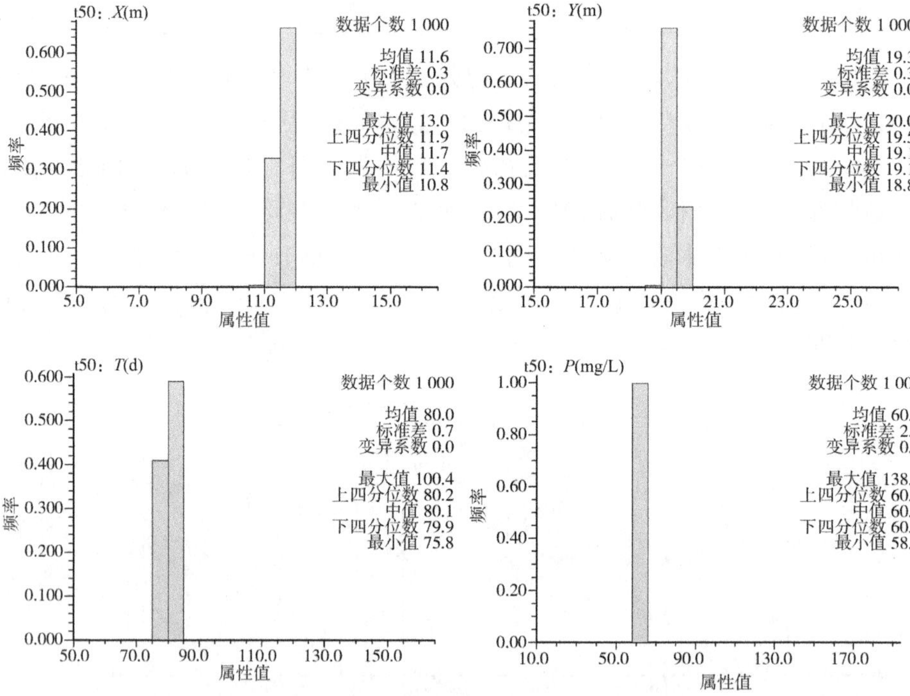

图 2-4　同化期末(50 个时间步)的污染源参数直方图

图 2-5 为在不断同化新观测数据的过程中，四个参数的均值和方差随时间的演变。在第 15 个时间步左右，位置和时间参数的均值接近最终估计值并趋于稳定，而浓度参数则需要 25 个时间步才能达到类似的稳定状态。方差随着时间逐渐减小，并在第 25 个时间步左右接近零。然而，对于释放浓度方差在第 30 个时间步之后的振荡现象，我们尚未找到合理的解释。尽管如此，其均值估计值稳定在 60 mg/L 左右。从图 2-4 的直方图中可读出最终的均值，释放四元组的估计值为(11.6 m，19.3 m，80 d，60.5 mg/L)，不确定性由标准差表征为(0.3 m，0.3 m，0.7 d，2.7 mg/L)。

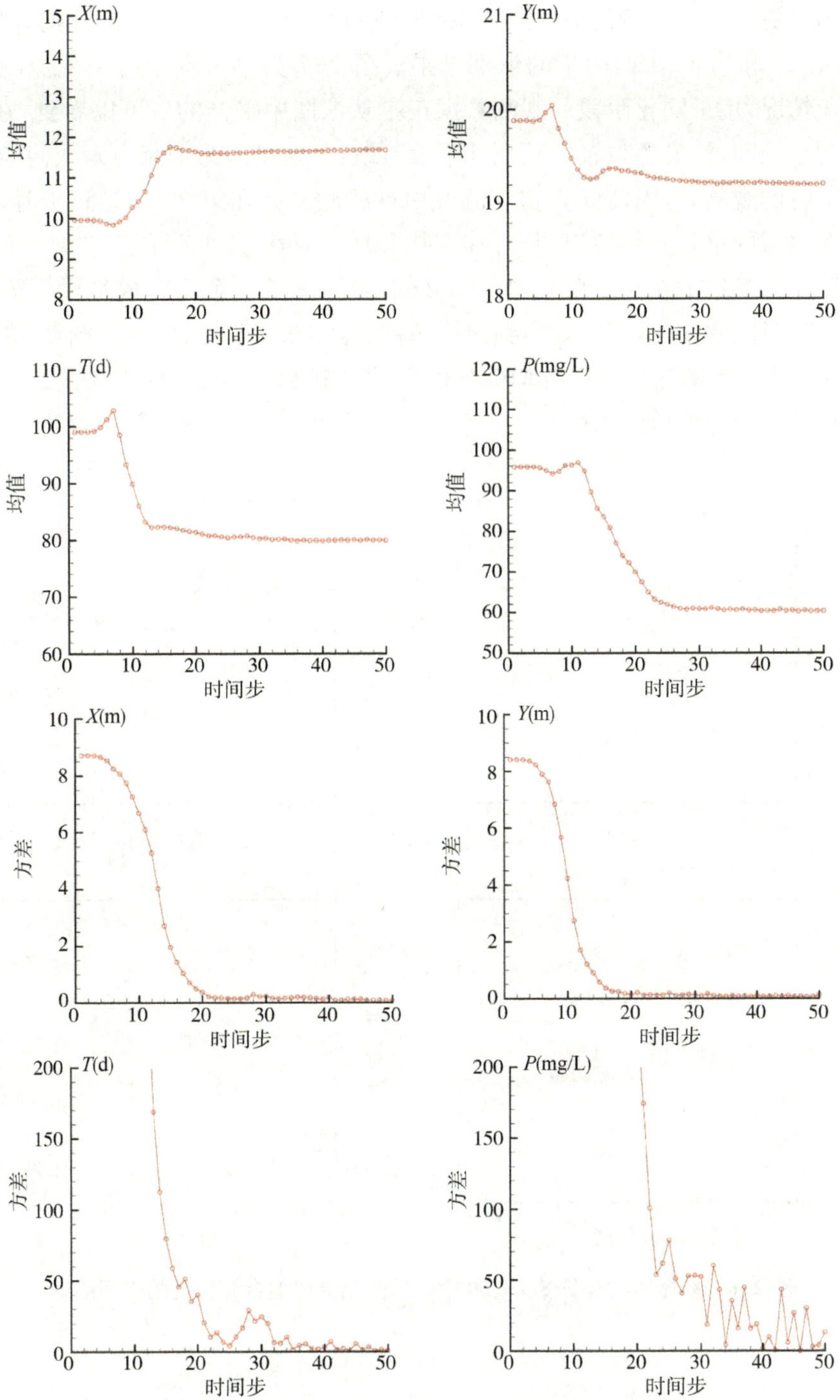

图 2-5 四个参数的集合均值和方差的时间演变

为了更直观地了解污染源位置识别随时间的演变，图 2-6 为同化前，以及在第 8、第 20 和第 50 个时间步的识别结果。图 2-7 为参考场中污染羽流随时间的变化情况，用于同化阶段的观测数据正是从该图中采样的。可以看到，在前 8 个时间步期间，污染源位置的识别几乎没有改进，这是因为羽流尚未从污染源迁移到下游的观测井，因此尚未在观测井中被检测到。在第 20 个时间步时，溶质进入含水层的单元开始被识别。在第 50 个时间步时，几乎所有的 1 000 个估计污染源位置都集中在释放单元内。图 2-8(a)展示了一个集合成员中污染源位置估计随时间的变化，可以观察到污染源位置随着时间不断更新。图 2-8(b)显示了 1 000 个污染源位置集合均值的时间演变过程，从可疑释放区域的中心逐渐移动到实际释放单元的中心。

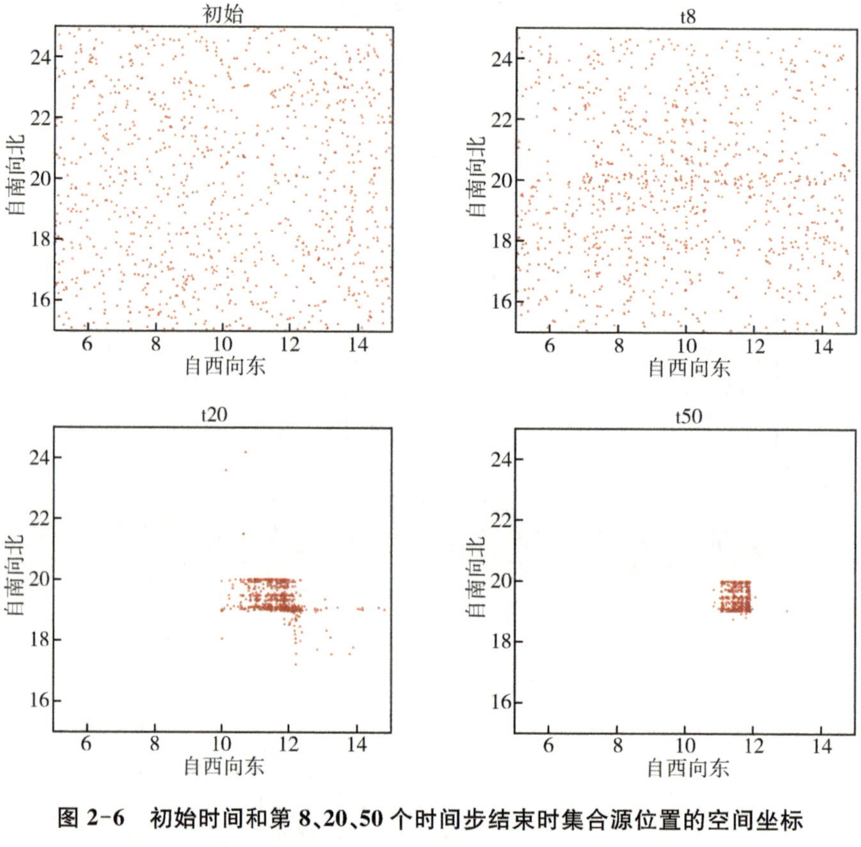

图 2-6　初始时间和第 8、20、50 个时间步结束时集合源位置的空间坐标

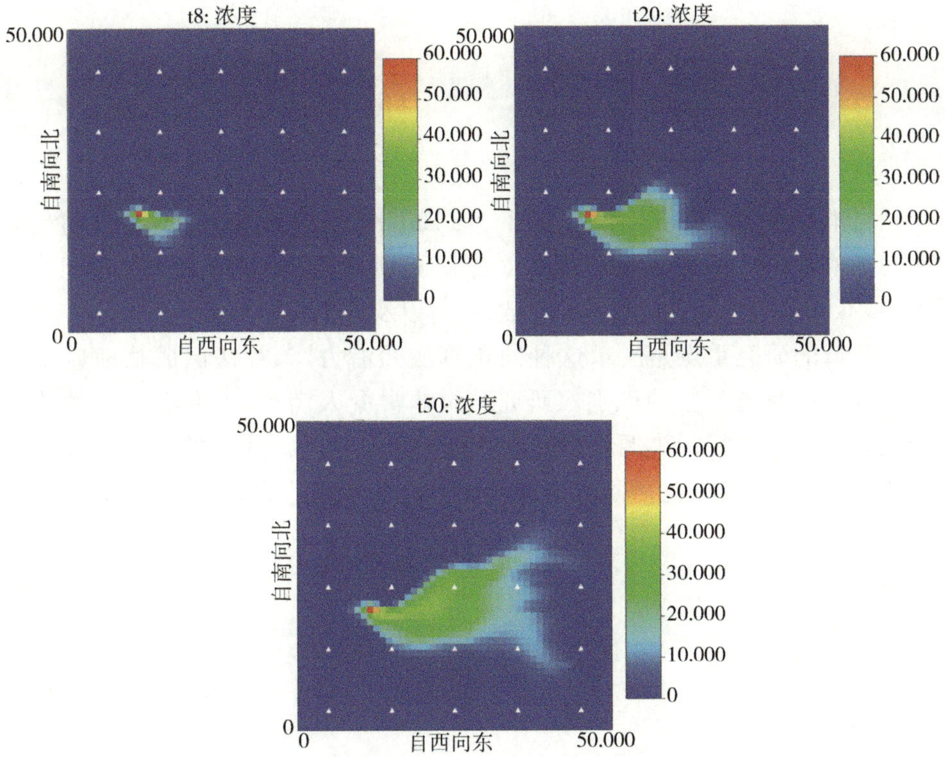

图 2-7　参考含水层中溶质羽流的时间演变

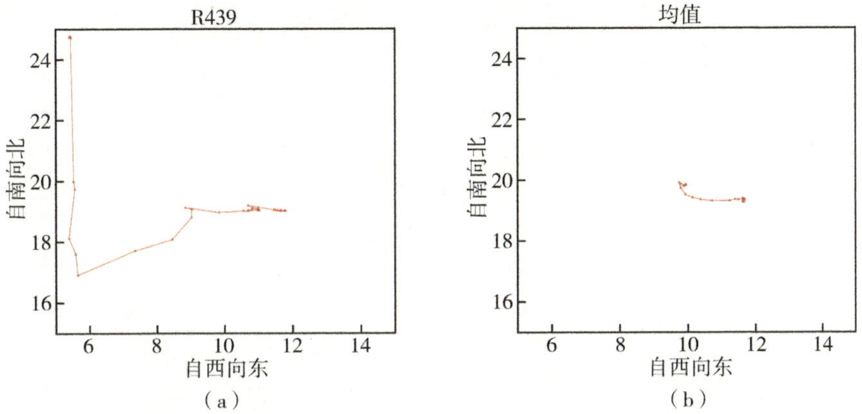

图 2-8　污染源空间坐标估计随时间的演变:第 439 实现(a)及集合均值(b)

第四节　总结与讨论

通过本章的研究分析，我们证明了 NS-EnKF 能够有效识别污染源位置、释放时间和浓度。然而，从实际应用的角度来看，所设置的识别条件较为理想。在现实中，不可能完全了解含水层的参数、应力以及边界和初始条件。

但本章的研究重点是展示这种同化算法的潜力，该算法已成功地应用于水文地质学中渗透系数的识别。研究结果非常令人满意，为在更现实的情况下使用这一方法进行污染源识别开辟了新的研究方向。我们的下一步计划是在此方向上继续研究，包括同时识别异质渗透系数场的研究。

第三章

污染源信息与渗透系数的联合识别

第一节　研究背景

地下水运动缓慢，往往在污染源已经消失时，污染羽流才到达供水井；或者污染物可能通过未被察觉的途径进入含水层，例如从地下泄漏的储罐渗漏，当污染物被发现时，人们无法确切知道其来源。能否通过一个或多个下游井中的浓度时间序列来识别污染源？这是许多研究者提出的问题，并在过去几十年中得到研究。

以往绝大多数方法都是基于某种优化目标函数，来衡量模型预测值与观测值之间的偏差，其中污染源位置和释放时间作为待识别的参数。如 Gorelick 等人[4]在 1983 年采用最小二乘回归和线性规划结合污染物运移模拟来确定污染源位置；Aral 等人[54]在 2001 年以非线性优化为背景提出了一种渐进式遗传算法；Sun 等人[67,68]在 2006 年提出了一种用于污染物释放历史识别的约束鲁棒最小二乘法（CRLS），并进一步将 CRLS 估计器与分支定界全局优化相结合，用于迭代识别污染释放历史和源位置；Yeh 等人[55,56]在 2007 年及 2014 年将模拟退火算法与禁忌搜索算法进行了结合；Mirghani 等人[69]在 2009 年采用了一种使用进化搜索算法的模拟优化方法；同年，Dokou 和 Pinder[70]开发了一种用于源位置识别的最优搜索策略；Amirabdollahian 和 Datta[71]在 2014 年设计了一个使用自适应模拟退火算法识别污染源的最佳源识别模型；Ayvaz[72]在 2016 年提出了一种混合模拟优化方法来解决区域地下水污染源识别问题。有些方法不是基于优化的，如 Butera 等人[57]、Cupola 等人[58]在初步划定可能的源区后，采用贝叶斯地质统计方法来确定源位置，Gzyl 等人[59]使用准线性地质统计法从一些可疑污染源中识别了源位置。

上述研究主要集中在确定性含水层中污染源位置信息的识别，这些研究假设含水层特性完全已知。关于同时识别污染源信息和含水层特性的研究较少，如 Wagner[8]在 1992 年结合非线性最大似然方法和地下水流动及污染物运移模拟，估算两层含水层的流动参数和污染源参数；Sidauruk 等人[73]在 1998 年开发了基于优化相关系数的反演程序，用以定位地下水污染源和识别均质含水层的运移参数。Mahar 和 Datta[53]在 2000 年开发了一种非线性优化模型，其中将流动和运移方程作为约束条件嵌入模型中，用于估算地下水污染源的强度、位置和持续时间。后来在 2001 年将该方法扩展到均质和各向同性含水层系统中，同时估算含水层参数[74]。Singh 和 Datta[17]在 2004 年利用经过训练的人工神经网络同时估计地下水污染源和均质含水层的渗透系数、孔隙度和弥散性。Datta 等人[75]在 2009 提出了一种结合优化-模拟方法的技术，用于同时识别污染源并估算含水层均质参数。该技术将优化方法与地下水流动和运移模拟器作为外部模块连接起来；Koch 和 Nowak[76]在 2016 年结合随机多相模型和反向运移公式，在贝叶斯逆向方法框架下实现了污染源区结构与含水层参数的联合反演。

然而，除了 Koch 和 Nowak[76]在 2016 年的研究外，其余的这些研究所分析的含水层要么是均质的，要么仅划分为几个均质的子区域。在上一章中，我们提出使用集合卡尔曼滤波（EnKF）的变体，是一种十分有效的逆向建模算法[30,61,62,77]，重启正态集合卡尔曼滤波（rNS-EnKF）用于非均质但确定的含水层中的污染源识别。尽管 NS-EnKF 在污染源识别方面表现良好，但我们在研究中得出的结论是，将其应用于确定性含水层的情境并不现实，因为在实际情况下无法获得详细的含水层异质性信息。

在本章中，我们认识到了适当的渗透系数表征对溶质运移预测的重要性[78,79]，进一步探索了 NS-EnKF 的应用潜力。通过时间序列的水头和溶质浓度数据的同化，我们验证了 NS-EnKF 同时识别异质渗透系数场及点源污染参数的能力。需要提前说明的是，流动控制的其余参数和变量，包括初始条件、边界条件、外部应力以及运移控制参数，均假定为已知且均质。但即便如此，与之前文献中提出的方法相比，我们的方法在向实际应用场景靠近方面更进一步。

本章的脉络如下：首先，对提出的算法进行介绍。然后在两个不同的非均质合成含水层的三种场景中应用重启 NS-EnKF。最后，对本章的研究进行总结和讨论。此外，还对一种额外的场景进行了讨论。

第二节　重启正态集合卡尔曼滤波

EnKF 是 Evensen[80]为处理非线性传递方程而基于卡尔曼滤波进一步优化的算法。EnKF 基于一组实现来近似更新步骤中所需的参数与状态变量的协方差和交叉协方差。由于其在高维问题中的高效性和有效性，EnKF 受到了广泛关注，并在多个领域得到了广泛应用，如海洋学、气象学、石油工程和水文学[25,29,30,81-83]。

简而言之，卡尔曼滤波是一种同化技术，可以随着新状态数据的收集，在时间上依次更新系统的状态和参数。更新与状态预测值和少数位置的状态观测值之间的偏差成比例。在集合卡尔曼滤波中，这一更新在空间上是异质的，对实现集合的每个成员都是不同的。在本章的研究中，状态变量为水头(H)和溶质浓度(C)，更新的参数为渗透系数(K)和污染源信息，污染源信息包括位置(X 为 x 坐标，Y 为 y 坐标)、初始释放时间(T)、释放持续时间(ΔT)和溶质质量负荷率(M)。下面将详细介绍重启正态集合卡尔曼滤波(rNS-EnKF)的具体过程，它与所有基于卡尔曼滤波的方法一样，包括预测与分析两个步骤。

在预测步骤中，将状态变量预测到下一个时间步。通常该预测是根据最后更新的时间步后的状态估计来完成的。正如 Xu 和 Gómez-Hernández[31]、Camporese 等人[84,85]及 Crestani 等人[86]所解释的那样，对于污染源识别，有必要从时间零点开始进行预测，因为污染源参数是指初始时间的源信息。这种在每个时间步后从零点重启的模拟过程是污染源识别的必要条件，该算法也因此被命名为“重启 NS-EnKF”。在每个时间步，根据时间零点的的浓度和水头(C_0, H_0)、最后更新的污染源信息以及第 $t-1$ 个时间步的渗透系数场(X_{t-1}, Y_{t-1}, T_{t-1}, ΔT_{t-1}, M_{t-1}, K_{t-1})预测从时间零点到第 t 个时间步的浓度与水头(C_t, H_t)。

预测使用的是一个包含地下水流动与溶质运移的综合模型，即状态转移方程 ψ，其式为

$$(C_t, H_t) = \psi(C_0, H_0, X_{t-1}, Y_{t-1}, T_{t-1}, \Delta T_{t-1}, M_{t-1}, K_{t-1}) \tag{3-1}$$

本研究假设系统处于瞬态条件(包括地下水流动和污染物运移)，并且只考虑平流和扩散两种运移机制。瞬态地下水流动与污染物运移控制方程分别由式(3-2)[87]和式(3-3)[63]给出：

$$S_s \frac{\partial H}{\partial t} - \nabla \cdot (K \nabla H) = W \tag{3-2}$$

$$\frac{\partial(\theta C)}{\partial t} = \nabla \cdot [\theta(D_m + \boldsymbol{\alpha v}) \cdot \nabla C] - \nabla \cdot (\theta \boldsymbol{v} C) - q_s C_s \tag{3-3}$$

式中：S_s 为单位储水量，[$\mathrm{L^{-1}}$]；H 为水头，[L]；t 为时间；$\nabla\cdot$ 为散度算子；∇ 为梯度算子；K 为渗透系数，[$\mathrm{LT^{-1}}$]；W 为单位体积的源和汇，[$\mathrm{T^{-1}}$]；C 为水溶液浓度，[$\mathrm{ML^{-3}}$]；θ 为含水层沉积物的有效孔隙率；D_m 为分子扩散系数，[$\mathrm{L^2T^{-1}}$]；$\boldsymbol{\alpha}$ 为弥散张量；$\boldsymbol{v}$ 为流速矢量，与单位流量通过 $\boldsymbol{v} = -\frac{K}{\theta}\nabla H$ 相联系；

q_s 为流体源或汇的单位体积含水层的体积流量，[T^{-1}]；C_s 为源或汇通量的浓度，[ML^{-3}]。

地下水流模拟 MODFLOW[64]用于式(3-2)，所得流速场($\boldsymbol{v}$)用作式(3-3)的输入数据，而式(3-3)则由运移模拟 MT3DMS[63,65]进行求解。

值得注意的是，虽然 EnKF 能够处理非线性问题，但在处理非高斯参数时仍存在局限性。为了在高斯条件下利用 EnKF 的参数识别最优性，可将 EnKF 与一些其他技术相结合[60,88,89]，如高斯混合模型、重新参数化和正态分数变换(也称为高斯变形，Gaussian anamorphosis)。Zhou 等人[60]在 2011 年的研究中所描述的 NS-EnKF 是基于高斯变形的一种方法，将待识别参数转化为(一元)高斯变量的一种替代方法[30,90,91]。本章也将应用这种方法处理非高斯参数。

通过对每个参数使用特定的正态变换，污染源参数（X_{t-1}，Y_{t-1}，T_{t-1}，ΔT_{t-1}，M_{t-1}）和渗透系数 K_{t-1} 都被转化为高斯偏差：

$$\begin{pmatrix} \tilde{X}_{t-1} \\ \tilde{Y}_{t-1} \\ \tilde{T}_{t-1} \\ \Delta\tilde{T}_{t-1} \\ \tilde{M}_{t-1} \\ \tilde{K}_{t-1} \end{pmatrix} = \begin{pmatrix} \phi_{X,t}(X_{t-1}) \\ \phi_{Y,t}(Y_{t-1}) \\ \phi_{T,t}(T_{t-1}) \\ \phi_{\Delta T,t}(\Delta T_{t-1}) \\ \phi_{M,t}(M_{t-1}) \\ \phi_{K,t}(K_{t-1}) \end{pmatrix} \tag{3-4}$$

式中：$\phi_{X,t}$、$\phi_{Y,t}$、$\phi_{T,t}$、$\phi_{\Delta T,t}$、$\phi_{M,t}$ 和 $\phi_{K,t}$ 均为正态变换函数。

NS-EnKF 中的预测步骤是指由上一个时间步的正态更新值预测正态变换后的变量。预测过程包括对更新后的正态分数的逆变换，然后用式(3-2)和式(3-3)对水流流动与溶质运移过程正向建模，然后将模型结果转换为正态分数。

在分析步骤中，EnKF 将根据预测状态变量值与观测值间的差异更新(正态化)参数的最后估计值。关于 NS-EnKF 的具体介绍可在其他文献[60]中找到。简而言之，存在一个包含参数和状态变量的增广参数集合，集合的每个向量都可分为两部分，一部分为参数向量 $\boldsymbol{S}$(式(3-5)中的正态分数值)，一部分为状态向量 $\boldsymbol{V}$(式(3-6)中的水头和溶质浓度)：

$$\boldsymbol{S}=\begin{pmatrix}\widetilde{X}\\ \widetilde{Y}\\ \widetilde{T}\\ \widetilde{\Delta T}\\ \widetilde{M}\\ \widetilde{K}\end{pmatrix} \tag{3-5}$$

$$\boldsymbol{V}=\begin{pmatrix}C\\ H\end{pmatrix} \tag{3-6}$$

从这两个向量集合中，计算所有对应的观测点的实验状态协方差 D_{VV} 以及所有对应的正态参数与观测值的实验状态参数的交叉协方差 D_{SV} 。一旦计算出实验协方差，就用下式更新正态参数：

$$S_t=S_{t-1}+\boldsymbol{G}_t(\boldsymbol{V}_t^o+e_t-\boldsymbol{V}_t^{f,o}) \tag{3-7}$$

$$\boldsymbol{G}_t=D_{SV}(D_{VV}+R_t)^{-1} \tag{3-8}$$

式中：S_t 包含更新的正态参数；$\boldsymbol{G}_t$ 为卡尔曼增益矩阵；$\boldsymbol{V}_t^o$ 为观测到的浓度和水头向量；$\boldsymbol{V}_t^{f,o}$ 为观测点的预测浓度和预测水头向量；e_t 为均值为零、标准差为 0.05 且对角协方差为 R_t 的观测误差。更新过程与观测到的 V_t^o 和（在观测位置的）预测状态变量 $\boldsymbol{V}_t^{f,o}$ 之间的偏差成比例，卡尔曼增益 $\boldsymbol{G}_t$ 为比例因子。卡尔曼增益（式(3-8)）与由交叉协方差 D_{SV} 所衡量的状态数据与参数间的相关程度成正比，与由自协方差 D_{VV} 所衡量的观测状态的冗余度成反比。

在更新所有的正态参数后，使用正态变换函数的逆函数将其逆变换到参数空间，见式(3-9)。

$$\begin{pmatrix}X_t\\ Y_t\\ T_t\\ \Delta T_t\\ M_t\\ K_t\end{pmatrix}=\begin{pmatrix}\phi_{X,t}^{-1}(\widetilde{X}_t)\\ \phi_{Y,t}^{-1}(\widetilde{Y}_t)\\ \phi_{T,t}^{-1}(\widetilde{T}_t)\\ \phi_{\Delta T,t}^{-1}(\widetilde{\Delta T}_t)\\ \phi_{M,t}^{-1}(\widetilde{M}_t)\\ \phi_{K,t}^{-1}(\widetilde{K}_t)\end{pmatrix} \tag{3-9}$$

式中：$\phi_{X,t}$ 、$\phi_{Y,t}$ 、$\phi_{T,t}$ 、$\phi_{\Delta T,t}$ 、$\phi_{M,t}$ 和 $\phi_{K,t}$ 均为正态变换函数。

第三节　案例研究

本研究设置了两种不同渗透系数分布的合成承压含水层，其中一个渗透系数为单峰分布，另一个为双峰分布，靠近双峰周围的值具有很强的连续性，模拟了通道化的地质情况。两个含水层模型都是封闭的，且被离散为 50×50×1 的单元（本章没有采用任何单位，当一个变量或参数首次出现时，将会在括号中给出对应的量纲，当所有的量都有一致的单位时，结果对所用的单位不敏感）。每个单元格大小为 1 [L]×1 [L]×5 [L]。

两个含水层的渗透系数都是非均质的。用 GCOSIM3D[92] 生成单峰含水层的参考对数渗透系数场（见图 3-1），根据高斯分布（参数见表 3-1）生成。

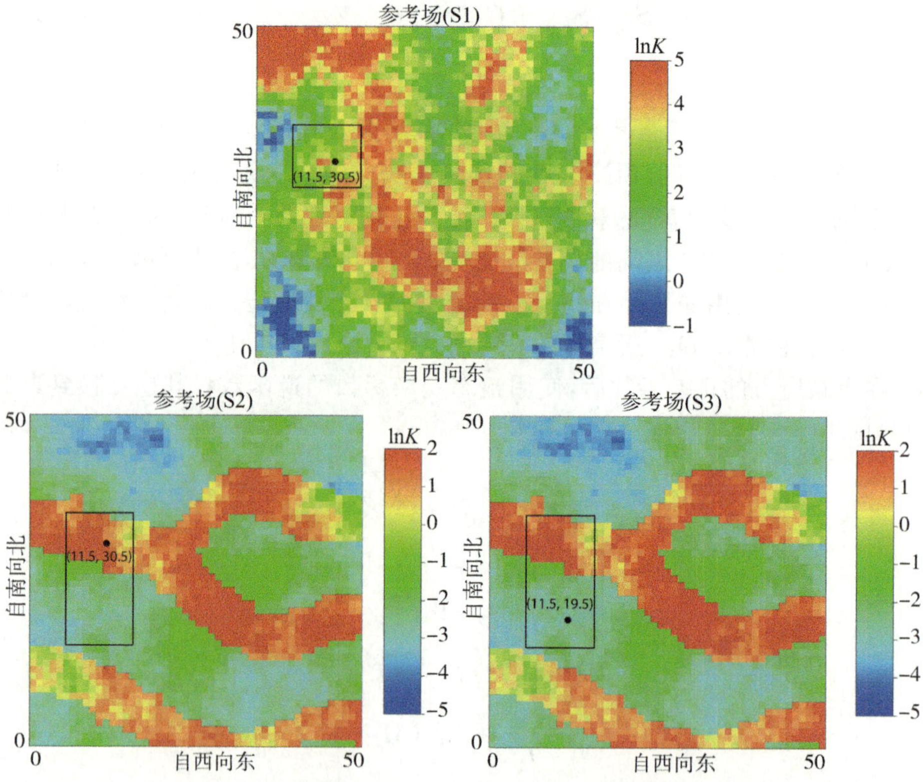

黑点为污染源位置，黑四边形为识别步骤用的可疑区。

图 3-1　场景 S1～S3 的 ln*K* 参考场和污染源及其可疑区域

含水层通道由 35%的高渗透率通道和 65%的低渗透率非通道介质组成。对数渗透系数参考场的生成过程如下：首先，用 SNESIM 代码[93]生成一个二元相图（训练图像如图 3-2 所示）；然后，用两个多高斯分布的对数渗透系数填充每个相，其参数如表 3-1 的最后两行所示，每个相均由 GCOSIM3D 代码独立生成。由此产生的含水层通道的对数渗透系数场如图 3-1 所示，全局的均值为 1.2 [$\ln(LT^{-1})$]，全局的标准差为 1.9 [$\ln(LT^{-1})$]。

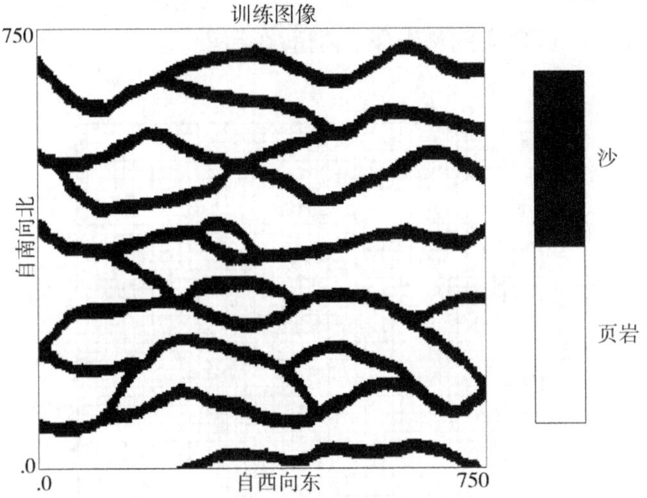

图 3-2　训练图像

表 3-1　描述两个含水层 ln*K* 非均质性的随机函数的参数

含水层	岩相	比例	均值	标准差	变异函数	λ_x	λ_y	基台值
单峰含水层			2.0	1.5	指数型	20	20	1.00
通道含水层	通道	0.35	1.0	1.0	指数型	20	20	1.00
	非通道	0.65	−2.5	0.6	指数型	20	20	0.35

注：λ_x 和 λ_y 分别指在 x 和 y 方向的相关长度。

两个含水层的边界均不透水，其中有两口注水井，记为＃1 和＃2（靠近西边界），注水速率为别为 10.2 和 9.5[L^3T^{-1}]。此外，还有 3 口抽水井，记为＃3、＃4 和＃5（靠近东边界），抽水速率分别为 5.7、5.5 和 8.8[L^3T^{-1}]。水流在含水层中自西向东（从左到右）流动，存在三个汇引导污染羽流，初始水头设为 8[L]。含水层中还设有 25 口观测井（见图 3-3），将在重启 NS-EnKF 的更新步骤中使用。标记为＃6、＃7 和＃8 的观测井将用于评估更新参数在预测水头和应用最后更新的参数得到污染物浓度时的性能。为了更好地测试使用 EnKF 同时识别污染源和估计渗透系数的可行性，本研究设置了较多的观测井。在实际中，观测井密度在污染物检测前并不会那么大，但一旦检测到危险的污染物，监测井网络的密度可能和本章的研究类似，甚至更密集。

两个含水层的其余均质参数包括：孔隙度 0.3[—]、纵向弥散度 0.2[L]、横向纵向弥散比 0.01、初始污染物浓度 0[ML^{-3}]、无分子扩散。考虑到运移控制参数和初始条件都是均质、无需识别、完全已知的，使得实验不如预期一般实际，但引入空间可变渗透系数的识别和污染源信息是以往这一研究方向的巨大飞跃，使得能够在更接近现实的情况下识别潜在污染。

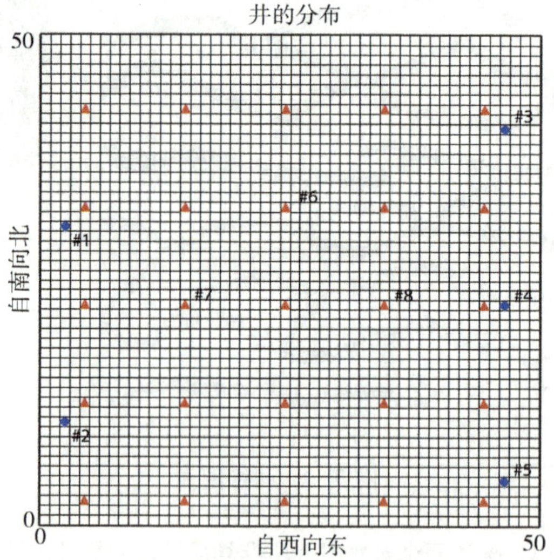

蓝色菱形为靠近西边界的注水井和靠近东边界的抽水井，红色三角形为观测井。

图 3-3　抽注水井及观测井分布

总模拟时间为 500[T]，按比例为 1.01 的几何级数离散为 100 个时间步，步长大小递增。对于这个几何级数，初始步长为 2.93[T]。在前 60 个时间步(总时间为 239.5[T])中观测浓度和水头。

从时间 30(约第 10 个时间步)开始释放污染物，在时间 100(大约第 30 个时间步)结束。在单峰含水层中，释放位置(X,Y)=(11.5,30.5)[L]，质量负荷率为 100[MT^{-1}]，将该场景称为 S1。在通道含水层中，主要考虑两种不同的情况：在第一种情况下，污染物释放发生在高渗透区的(X,Y)=(11.5,30.5)[L]位置；在第二种情况下，污染物释放发生在低渗透区的(X,Y)=(11.5,19.5)[L]位置。释放荷载和时间与其他含水层相同，将上述两种情况分别称为场景 S2 和 S3。各种场景的定义见表 3-2。

表 3-2　场景定义

场景	S1	S2	S3
单峰含水层	√		
通道含水层		√	√
污染源坐标(11.5,30.5)	√	√	
污染源坐标(11.5,19.5)			√

生成两个包含 800 个对数渗透系数实现的集合，一个用于场景 S1，另一个用于场景 S2 和 S3。生成实现集合的随机函数模型与生成相应参考场的模型相同。它们是基于其边缘分布和 S2 及 S3 的训练图像的无条件实现。

虽然在之前的工作中已表明了先验模型选择的影响十分有限[27,94]，但通常对于对数渗透系数的边缘分布的认识，可能会使人认为其是非常有利的。出于这一原因，本章在最后一节的附加案例中设置了一个称为 S1b 的附加场景，场景 S1b 是场景 S1 的副本，但该场景使用介于 −1 [$\ln(LT^{-1})$]和 5 [$\ln(LT^{-1})$]之间的对数渗透系数的非信息性均匀边缘分布来生成初始的 800 个实现集合，可通过本章最后一节的讨论进而了解非信息性先验对方法性能的影响。

三种场景(S1、S2 和 S3)使用的源参数集合由 800 个七元组组成，集合中的每个元素都以相同的序列顺序附加到初始对数渗透系数场集合中的实现内。在集合中使用 800 个实现有助于减少通常与小规模集合相关的近交滤波与混杂因子效应[30,61]。每个七元组的值由以下均匀分布独立生成：初始释放时间 $T \in U[10,90]$，持续释放时间 $\Delta T \in U[10,110]$，质量负荷率 $M \in [50,140]$，场景 S1 的源位置 $(X,Y) \in U[5,15] \times U[25,35]$，场景 S2 和 S3 的源位置 $(X,Y) \in U[5,15] \times U[17,35]$。关于释放位置的先验可疑区域见图 3-1。由于选择以不同参考值为中心的区间，因此初始集合的均值相对于参考值存在一定的偏差。对于双峰含水层，其最初允许源位置位于低渗透区或高渗透区。

第四节　结果

图 3-4 为三种场景的参考场中第 10(30.68 [T])、第 30(102.02 [T])、第 40(143.38[T])和第 60(239.53 [T])个时间步的污染羽流演变。图 3-5 为参考含水层中污染物总质量的时间演变。在第三节中提到，将注水井设置于西边界

附近，将抽水井设置于东边界附近，污染物在第 10 个时间步左右释放，在第 30 个时间步左右停止。污染羽流以不同的速度和不同的扩散速率自西向东扩散，两种含水层中的具体情况有所差异：在单峰含水层中，溶质或多或少地沿着平均水头梯度水平移动，并且羽流直到约第 50 个时间步时才到达抽水井；在双峰含水层中，羽流在高渗透区快速流动，大约在污染物停止注入时到达抽水井，而在低渗透区，羽流流动很慢，直到模拟结束时仍未到达抽水井。

图 3-6 为三种场景在第 60 个时间步后更新的测井渗透系数场的集合均值与方差。由于没有条件数据用于生成初始的对数渗透系数场，因此初始集合均值和初始集合方差是平坦的，且其值等于先验的全局的均值与方差。将实测的水头和浓度数据同化后，更新后的对数渗透场的集合均值可以恢复参考场的主要模式。场景 S1 的整体方差接近于 0，而场景 S2 和 S3 的减小幅度不大，仍存在一些与通道边界相对应的不确定性。上述结果与先前的研究结果[30]一致，表明水头信息（场景 S2 和 S3 相同）不足以完全识别强通道。浓度数据还包含有关渗透系数非均质性的信息。在场景 S3 中，羽流没有流动太远，因此浓度数据上的渗透系数信息小于场景 S2，整体方差大于 S2。

在分析源参数结果前，先分析＃6、＃7 和＃8 处的水头和浓度数据的再现（见图 3-3）、在第 60 个时间步结束时水头的空间分布和浓度的时空演变。图 3-7 和图 3-8 分别为初始集合中每个元素在模拟时间为 500（100 个时间步），超过同化时间 240（60 个时间步）时的水头和浓度的演变。渗透系数的初始实现是无条件的，因此水头和浓度的演变通过集合的传播非常大。图 3-9 和图 3-10 分别为相同的三口井的水头和浓度的演变，其中参数在第 60 个时间步后更新。可以观察到，在更新集合中的水头的再现几乎完美，而相对于无条件集合的预测，浓度的再现已得到显著改善。

图 3-11 为第 60 个时间步结束时的水头信息。在随机选择的实现（＃29）中展示参考场中水头的空间分布、800 个实现的集合均值和方差。在同化步骤中使用的＃6、＃7 和＃8 处观测的水头的良好再现延伸到整个含水层，因为在所有场景下大多数含水层的方差几乎为 0，并且通过观察参考场和特定实现或集合均值中的水头之间的相似性均可看出这一点。由于其他时间步或实现的结果几乎相同，图中仅显示至第 60 个时间步及单个实现的结果。

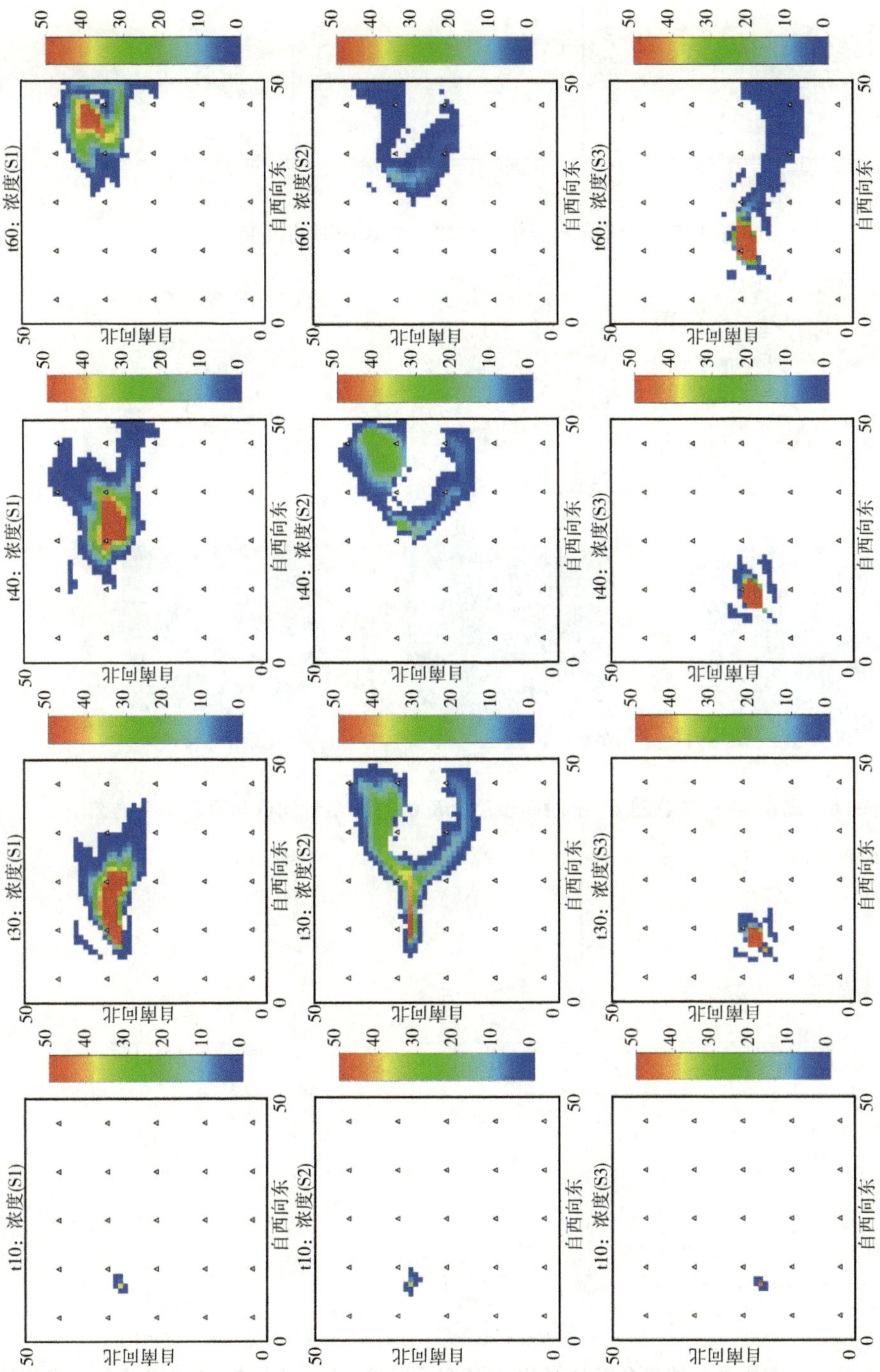

参考含水层在第 10 个(溶质注入开始)、第 30 个(溶质注入结束)、第 40 个和第 60 个时间步的污染羽流演变,白色三角形为观测井。

图 3-4　场景 S1～S3 在不同时间步的污染羽流演变

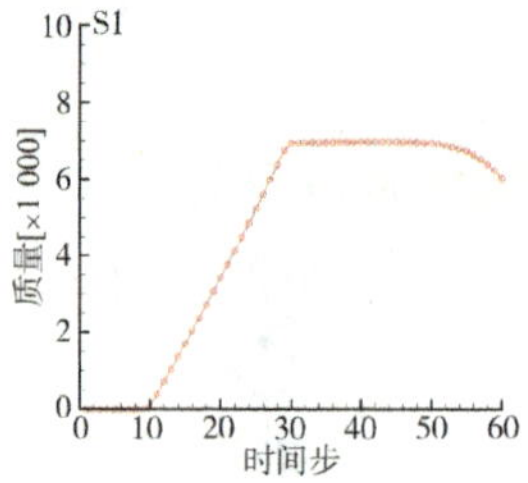

图 3-5　参考含水层中污染物总质量的时间演变

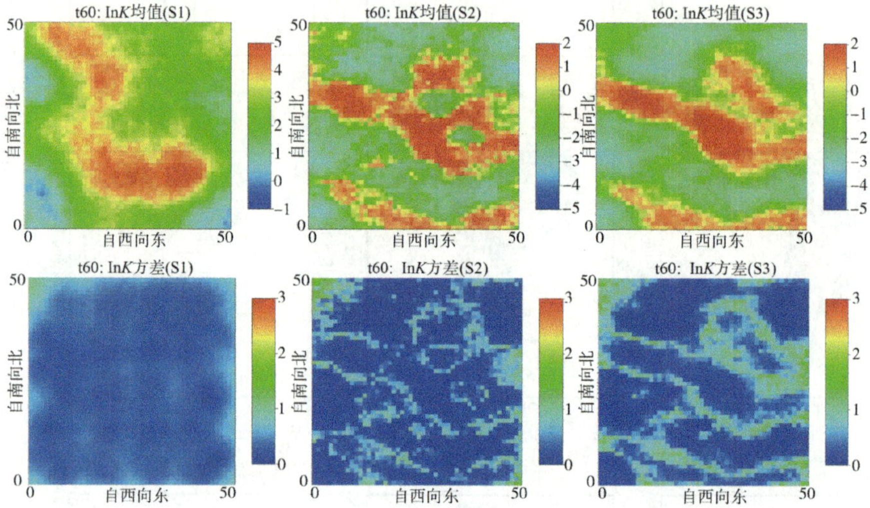

图 3-6　场景 S1～S3 在第 60 个时间步后 ln*K* 的更新集合均值与更新集合方差

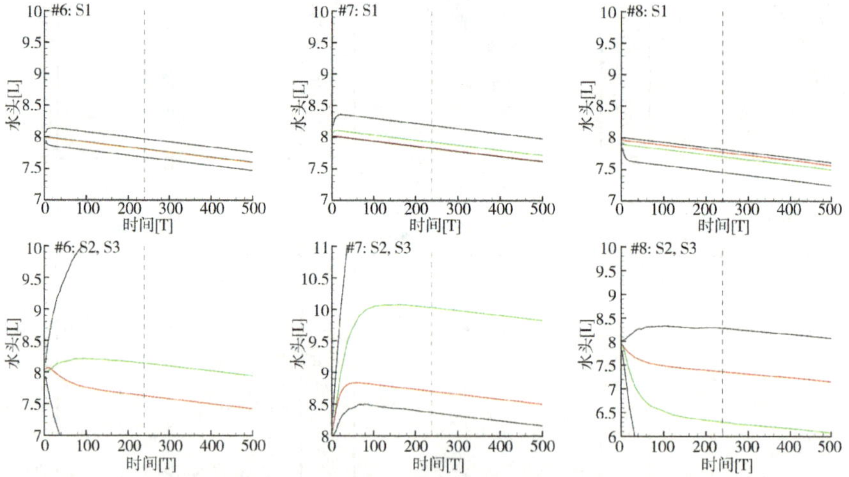

红线为水头，黑线为所有实现的 5%和 95%，绿线为中位数，垂直虚线标志着同化期的结束。

图 3-7　ln*K* 及源参数的初始集合在场景 S1～S3 中三口井＃6、＃7 和＃8 的水头随时间演变

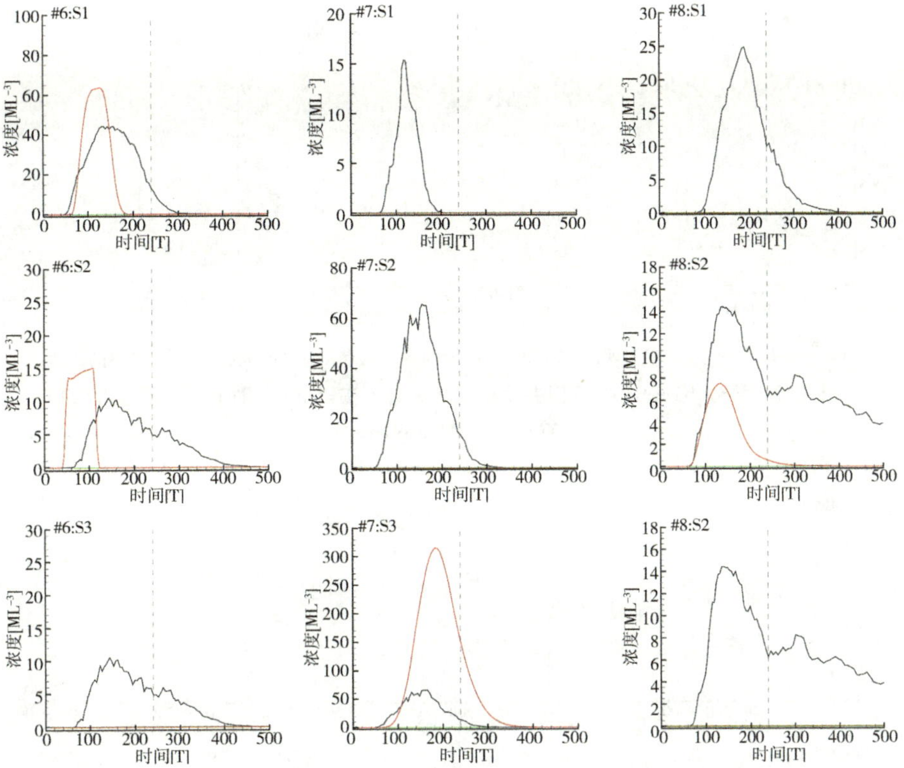

红线为溶质浓度，黑线为所有实现的 5% 和 95%，绿线为中位数，垂直虚线标志着同化期的结束。

图 3-8　ln*K* 及源参数的初始集合在场景 S1～S3 中三口井＃6、＃7 和＃8 的溶质浓度随时间演变

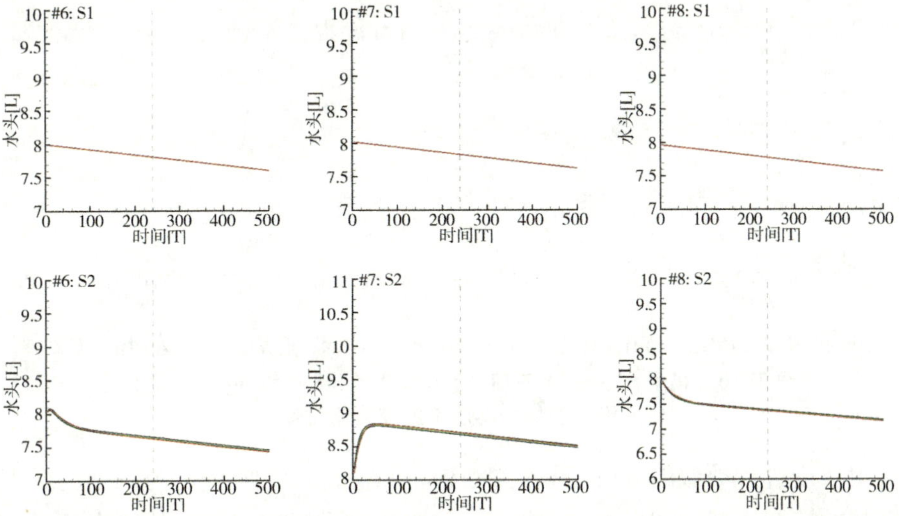

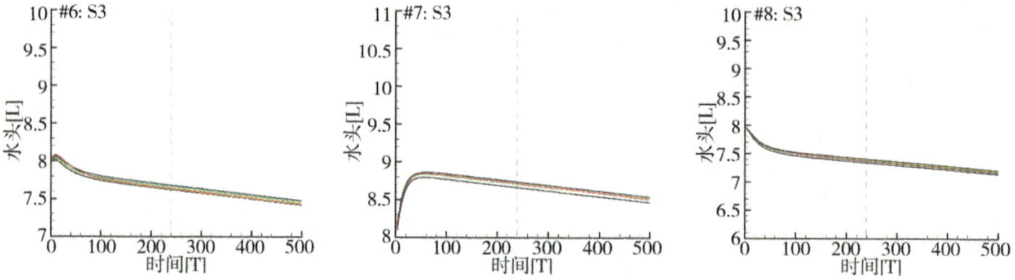

红线为水头，黑线为所有实现的 5%和 95%，绿线为中位数，垂直虚线标志着同化期的结束。

图 3-9　场景 S1～S3 中三口井＃6、＃7 和＃8 在第 60 个时间步之后更新的集合水头随时间演变

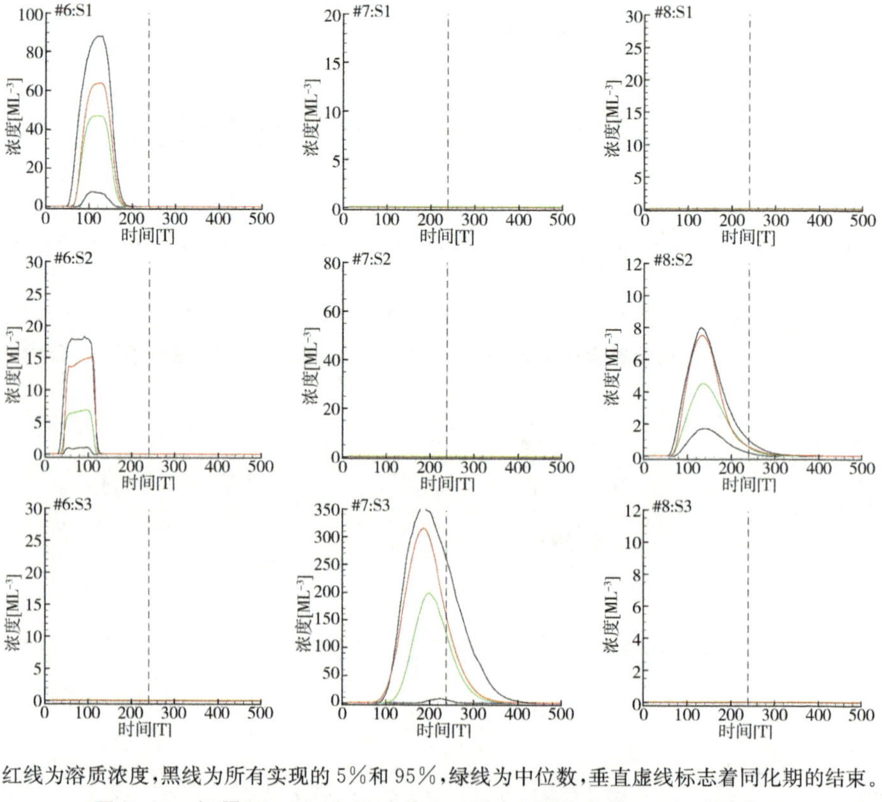

红线为溶质浓度，黑线为所有实现的 5%和 95%，绿线为中位数，垂直虚线标志着同化期的结束。

图 3-10　场景 S1～S3 中三口井＃6、＃7 和＃8 在第 60 个时间步后更新的集合溶质浓度随时间演变

对浓度进行类似的分析，图 3-12、图 3-13 和图 3-14 分别为三种场景下随机选择的三个实现(＃29、＃537 和＃695)中浓度的时间演变。从图中的任何一列都可观察到不同时间步时实现的可变性。虽然三种场景的羽流相似，但在所有场景和所有时间步中仍存在着一些差异。与图 3-4 中的参考羽流相比，羽流的形状和拓扑结构都得到了很好的再现。当使用同样的观测井观测水头和浓度时，由于只能在少数观测井观察到参考羽流，难以实现浓度的再现。每个实现都与特定的更新后的七元组污染源参数相关联，这解释了实现＃29 中羽流出现的时间比在其他实现中早的现象，就是因为与该实现相关的初始释放时间小于第 10 个时间步。

通过浓度的集合均值和集合方差，可以体现数据同化 60 个时间步后的从更新实现中得出的浓度的时间演变，如图 3-15 和图 3-16 所示。与单个的实现一样，尽管均值图没有再现最大值，但其很好地捕捉了参考羽流的大小和拓扑结构。在参考场浓度峰值处出现了方差的最大值。在对数据进行任何同化之前，本研究没有展示根据初始实现集合计算出的对应的分布图，因为此时平均羽流分布在整个含水层，其方差很大。在本研究的例子中，集合卡尔曼滤波再次展现了其在识别渗透系数的空间异质性方面的潜力，尤其是当模拟开始时污染源的位置和释放时间均未知的情况下。

最后，图 3-17 为描述污染源参数的箱线图，即同化过程中不同时间计算的 X、Y、T、ΔT 和 M。从未知的渗透系数空间分布和位置的污染源开始，使用重启 NS-EnKF 同化来自观测井网络的水头和溶质浓度数据，最终有效识别了渗透系数的空间变异性（与基础参考场是否遵循高斯-单峰分布无关）和溶质进入含水层的时间、地点及质量。这一识别被适当量化，其不确定性来自于对实现所在集合的分析。从图中可知，在第 60 个时间步时，几乎所有的参数的中值（箱线图中的红线）都非常接近参考值。只有 S3 的初始释放时间（在低渗透区的含水层通道中释放）和 S1 的质量负荷率（在单峰含水层中释放）的中值不接近参考值。S3 中初始释放时间的结果只能根据该场景下所有源参数的总体不确定性解释，虽然它们在时间为零时的初始不确定性有所减少，但由于收集到的浓度数据很少，对于大多数参数而言，其减少的幅度并不大（见图 3-4 的第三行，参考场中相对于观测位置的羽流）。因此，需要获取更多的浓度数据来更好地表征 S3 中的源参数。在场景 S1 中，所有参数的中值很快地收敛到参考值，在第 30 个时间步后，除质量负荷率的中值随时间推移不断增加且不确定性仍然很大外，其余参数没有太大变化。对于所有场景而言，在观测数据同化结束后，相较于其他参数反演结果，反演的质量负荷率始终具有较大的不确定性，这主要归因于羽流浓度的稀释，使得注入点的质量负荷率发生较大变化时井中观测到的浓度与预测值之间的绝对差异很小。

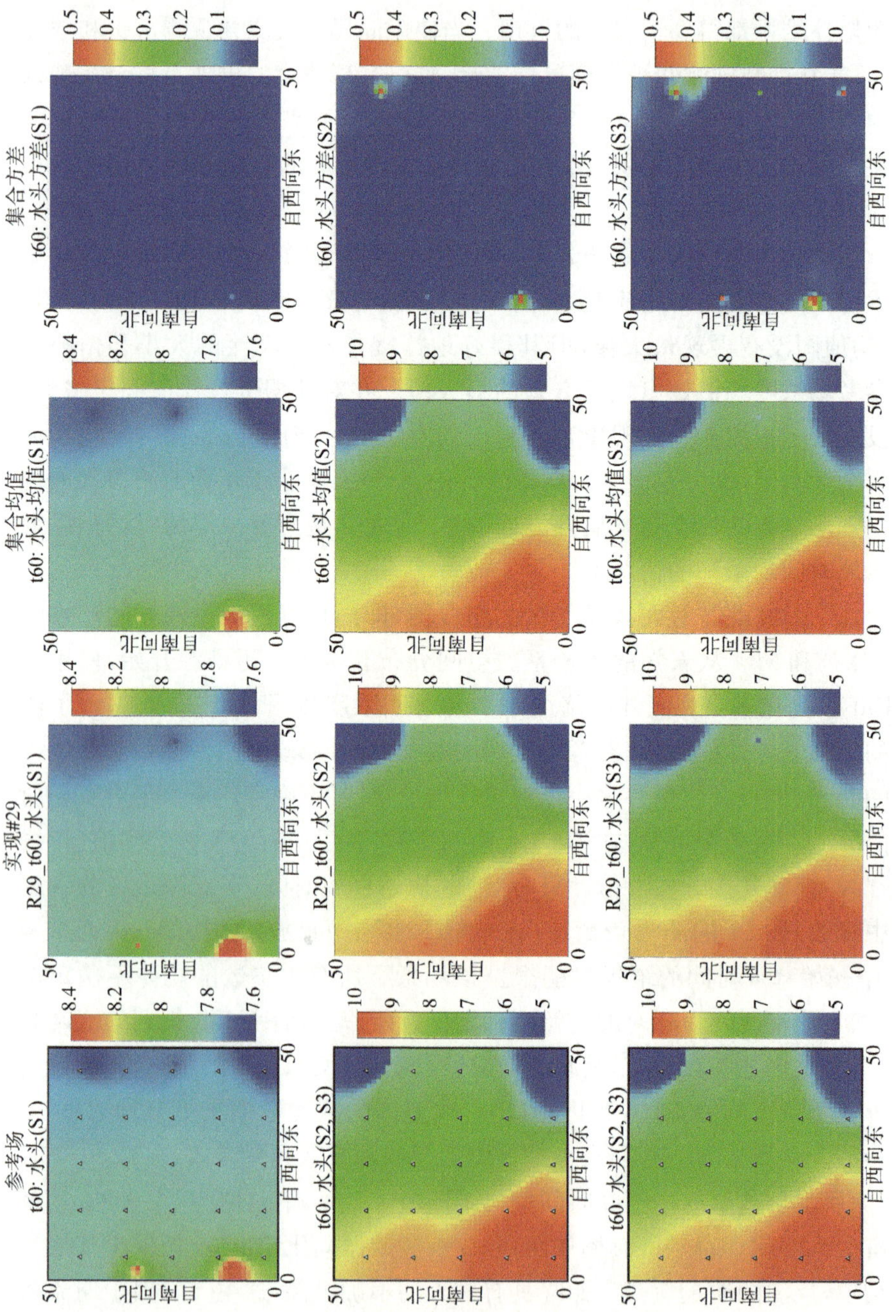

三角形为观测井，S1 的比例尺与 S2 和 S3 的不同。

图 3-11　三种场景在第 60 个时间步结束时的水头

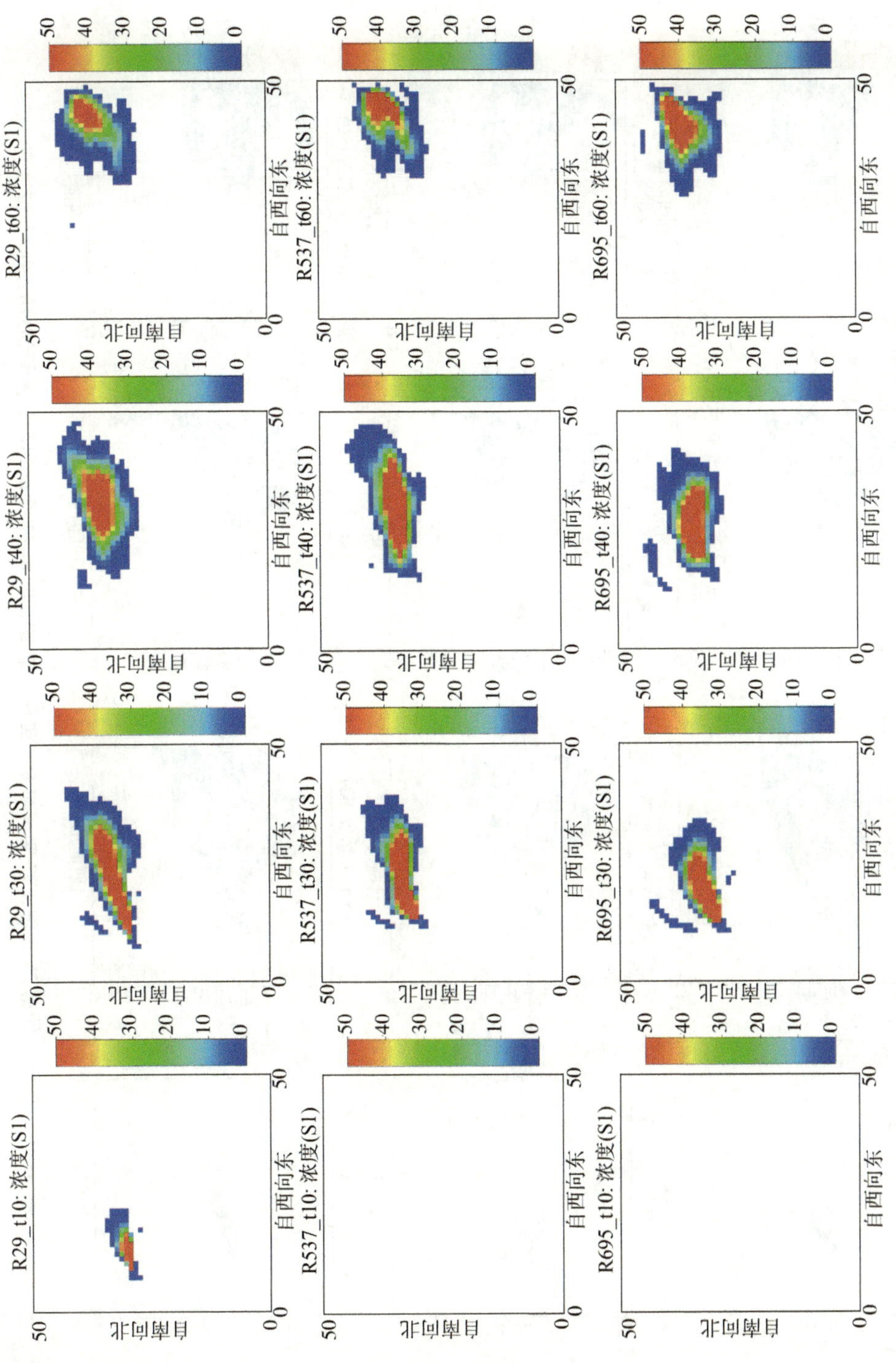

图 3-12　场景 S1 的第 29 实现、537 实现和 695 实现在第 10、30、40、60 个时间步的更新参数的污染羽流演变

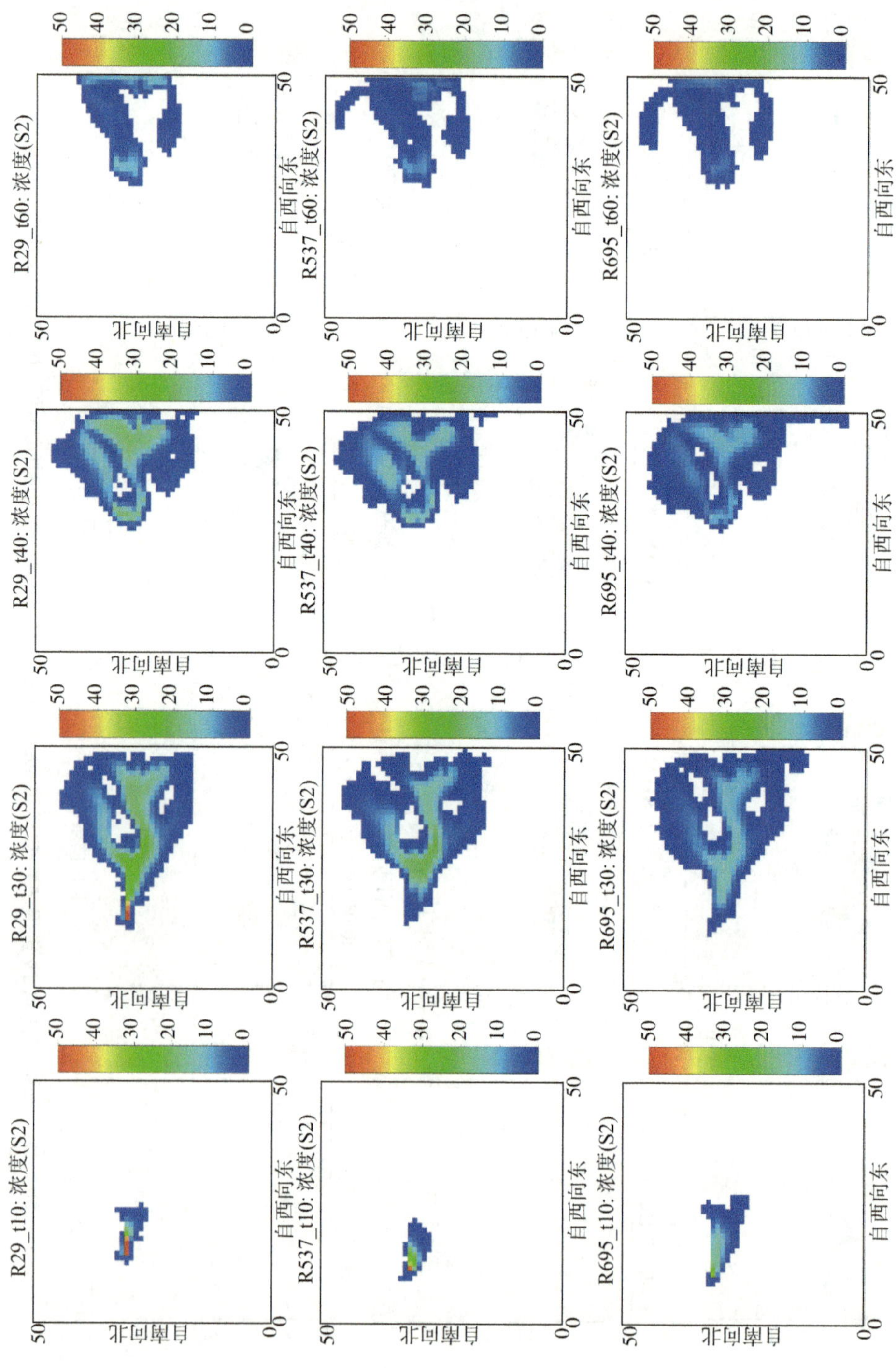

图 3-13　场景 S2 的第 29 实现、537 实现和 695 实现在第 10、30、40、60 个时间步的更新参数的污染羽流演变

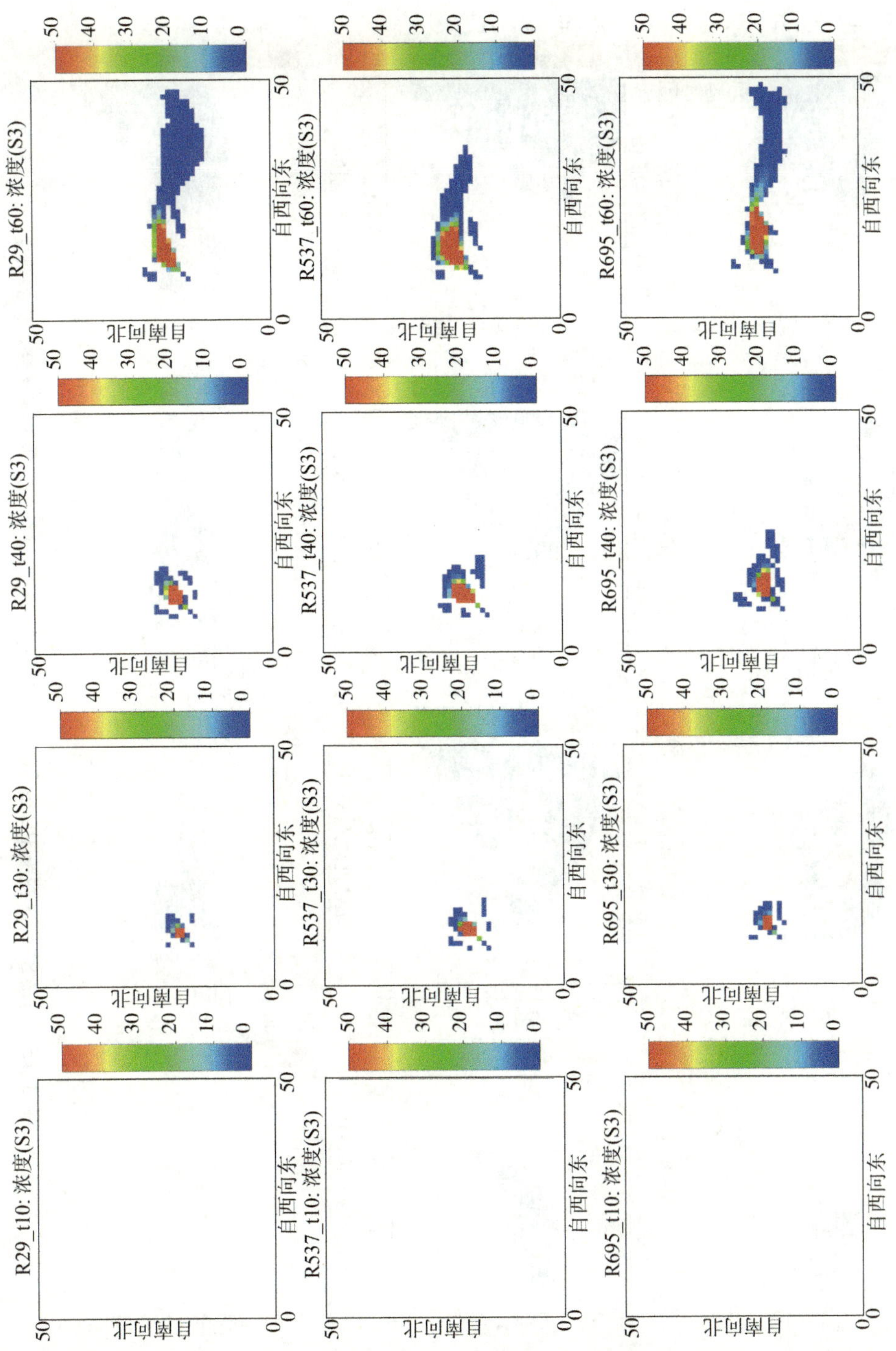

图 3-14　场景 S3 的第 29 实现、537 实现和 695 实现在第 10、30、40、60 个时间步的更新参数的污染羽流演变

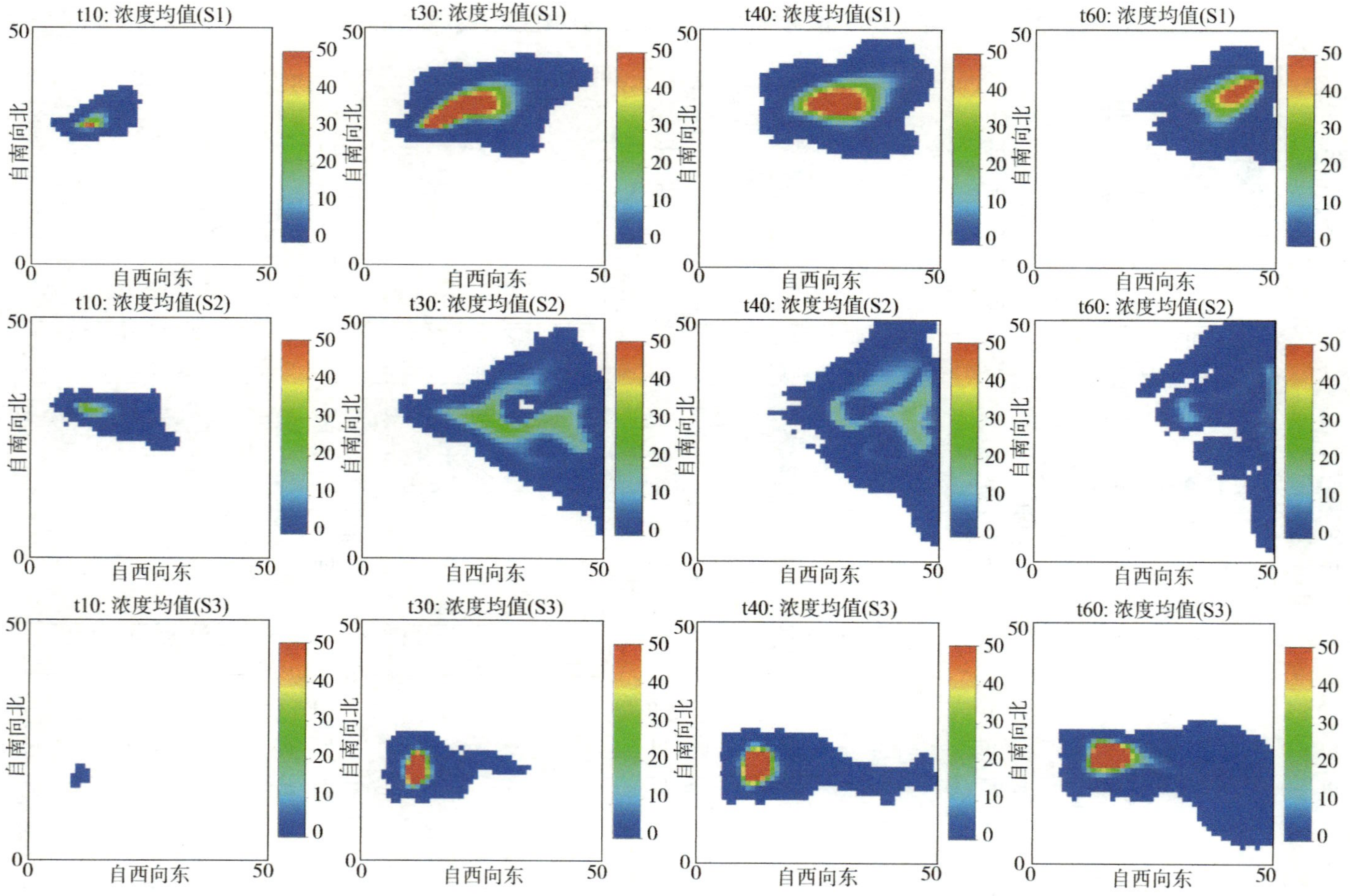

图 3-15　场景 S1～S3 在第 10、30、40、60 个时间步的更新参数的污染羽流集合均值的演变

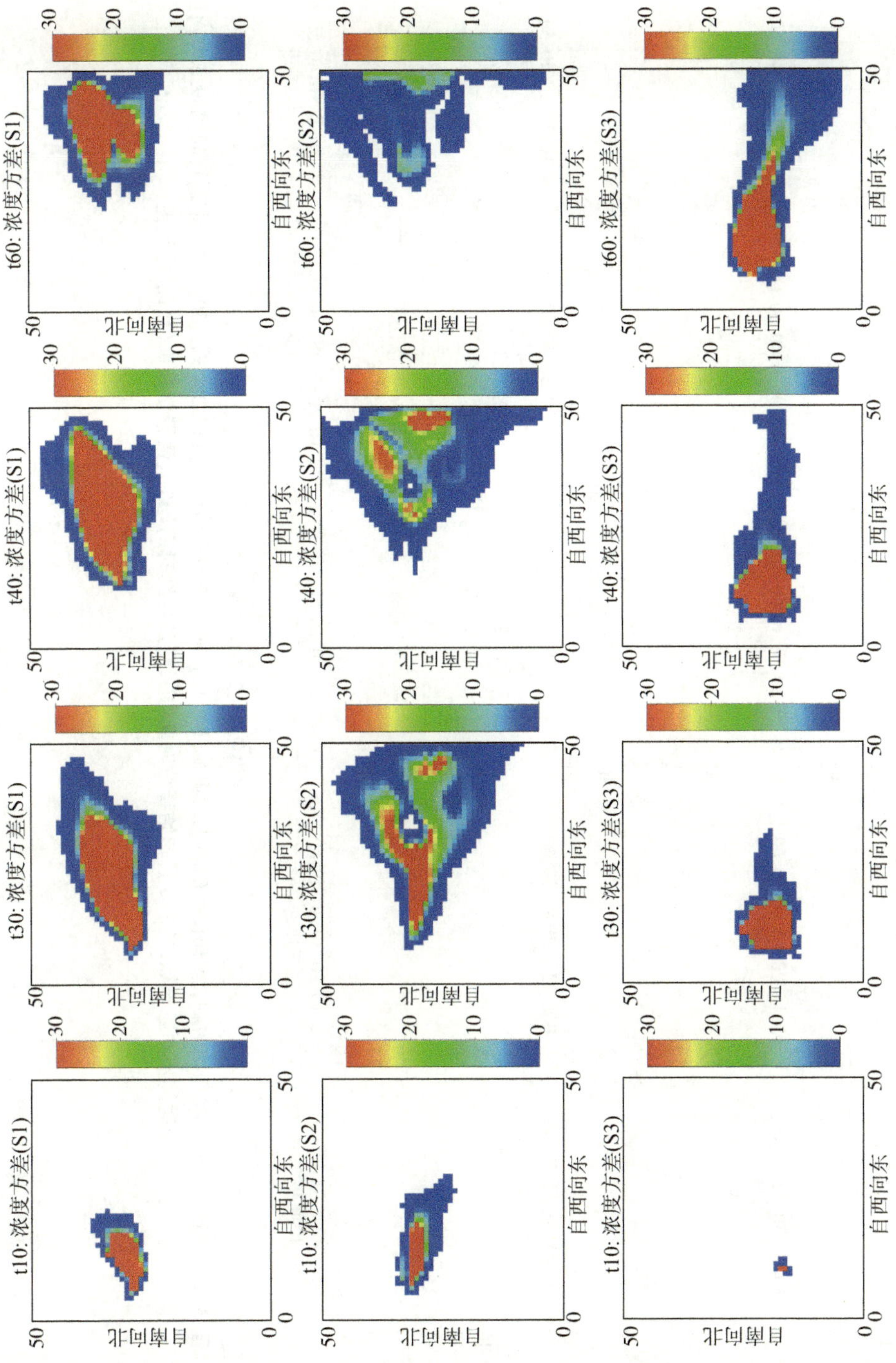

图 3-16　场景 S1～S3 在第 10、30、40、60 个时间步的更新参数的污染羽流集合方差的演变

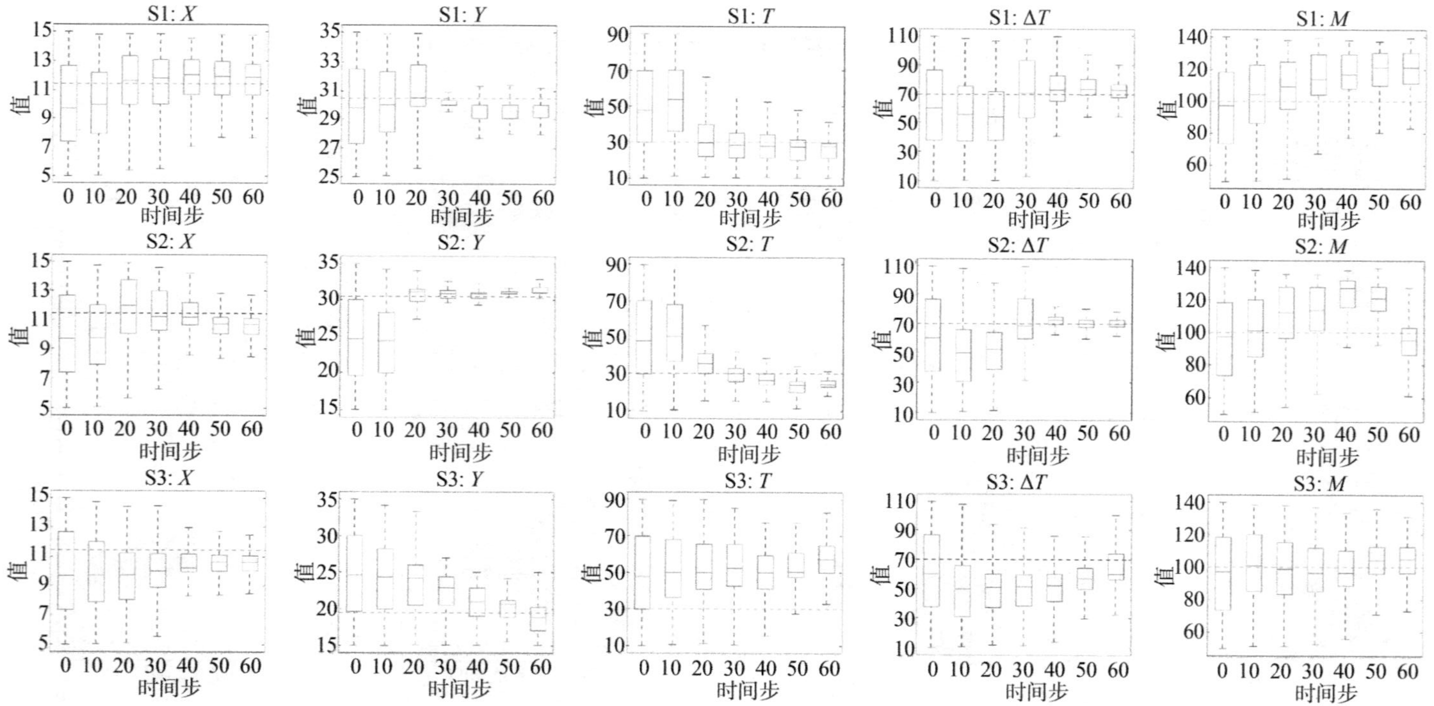

水平黑色虚线为对应的参考值。

图 3-17　场景 S1～S3 在初始时刻，第 10(30. 68[T])、20(64. 57[T])、30(102. 02[T])、40(143. 38[T])、50(189. 06[T])、60(239. 53[T])个时间步的源坐标(X 和 Y)、初始释放时间(T)、释放持续时间(ΔT)、质量负荷率(M)的箱线图

对于源参数的识别，每个场景的表现都不同。在场景 S1 中，X 坐标的中值接近参考值，但其不确定性较大。X 的较大不确定性可用与质量负荷率的较大不确定性相同的原因来解释：羽流的稀释及其纵向弥散使得 X 的变化不会在观测位置导致较大的绝对浓度变化。Y 则相反，其中值在第 30 个时间步时几乎完全收敛到参考值，并且在之后的模拟时间内均稳定在该参数值，由于横向弥散性很小，Y 的变化能够引起观测井浓度的明显改变，进而使其成为更敏感的识别参数。初始释放时间 T 和释放持续时间 ΔT 的中值也很快地收敛到参考值，其残余不确定性远小于初始值。在场景 S2 中，Y、T、ΔT 的中值识别效果显著，几乎没有不确定性。X 的值也能够很好地被识别，但较前三个参数而言具有更大的不确定性。同样，其较大不确定性的解释可能与 S1 相同，即浓度对 X 关于其参考值波动的敏感性很小。质量负荷率的中值被准确识别，四分位数箱线所包含的范围是模拟开始时的三分之一，但相对于其他参数，其不确定性仍较大，而对于这种不确定性较大的解释再次与观测点浓度对其不确定区间内的质量负荷变化的敏感性很小有关。最后，在场景 S3 中，羽流在 60 个时间步中的位移很小，且观测位置的溶质浓度只携带了很少的信息量。然而，算法能够通过源坐标 X 和 Y 的中值来识别源坐标 X 和 Y，且其最终的不确定性不是很大。S3 与 S2 相反，在同化期间垂直位移释放位置对羽流运动的影响并不大，因此其最终的不确定性比 S2 大。释放持续时间最终的不确定性较大，但这与初始释放时间具有较大不确定性相关，且质量负荷率最终也具有较大不确定性，其原因与上文所讨论过的 S1 与 S2 相同。

第五节　总结与讨论

在本章的研究中，我们克服了先前研究[31]中的一个重要限制。在该研究中，在假设空间异质性渗透系数是完全已知的情况下，将重启正态集合卡尔曼滤波(rNS-EnKF)应用于污染源识别。本研究针对三种不同场景，结合了单峰和双峰的渗透系数分布(有无通道化)以及在高低渗透区域的释放情况，实现了渗透系数和污染源信息的联合识别。结果表明，采用重启 NS-EnKF 能够对上述参数进行联合识别，但与最终实现集合相关的不确定性仍然显著，尤其是在浓度的时空演变和某些识别污染源的参数方面。在分析过程中，假设除了渗透系数的边际分布外，其他有关渗透系数的信息是未知的(第六节的附加案例中还包含了一个场景，其中边缘分布也是未知的，结果表明这种信息的缺乏对最终结果的影响非常小）。在实际中，或多或少能够获取一部分渗透系数的测量值，若将其作为条件数据包括在内，将有助于改善整体识别情况，正如其他研究中所展示的那样[30]。本研究还假设初始条件、边界条件和传输参数（如孔隙度和弥散度）是完全已知的，然而实际情况下，这些参数永远不可能完全已知，它们要么应当被纳入识别过程，要么在建模时应考虑其不确定性。

渗透系数空间分布和污染源参数的最终不确定性不应被视为该方法无法解决问题的依据，而应被视为对现有观测数据所含信息的度量。对这些不确定性的仔细分析应有助于指导采样网络的重新设计。总之，我们认为重启正态集合卡尔曼滤波（NS-EnKF）具有帮助联合识别污染源和渗透系数空间异质性的潜力，并且我们在识别未考虑渗透系数空间异质性的先前工作基础上已取得了实质性的进展。

第六节　附加案例：无信息的先验边缘分布

本章前几节中的所有场景都是在假设对数渗透系数的边缘分布已知的条件下生成的。然而实际情况并非如此，该分布总存在一定的不确定性。为评估这种不确定性的影响，我们设置了一个额外的场景（称之为 S1b），它是场景 S1 的副本，但其使用了一个无信息的先验的对数渗透系数边缘分布：一个介于 $-1\ \ln(LT^{-1})$ 和 $5\ \ln(LT^{-1})$ 间的均匀分布。在过往的研究中，仅在对数渗透系数识别的背景下进行此种分析，结果表明先验模型的选择对 NS-EnKF 的性能几乎没有影响。通过查看本章前几节未条件化的初始集合实现图也可预见上述结论。

除了用于生成初始集合实现的边缘分布外，S1b 的其余所有参数和不同的分析步骤与 S1 完全相同。我们展示与场景 S1 相同的一组图，具体包括：图 3-18 为更新 $\ln K$ 的集合均值与方差，图 3-19 为初始参数集合在＃6、＃7 和＃8 处的水头和浓度的时间演变，图 3-20 为第 60 个时间步后更新参数在同样三个井位的水头和浓度的时间演变，图 3-21 为第 60 个时间步结束时的水头，图 3-22 为参数在第 60 个时间步后更新的＃29、＃537 和＃695 实现中污染羽流的时间演变，图 3-23 为参数在第 60 个时间步后更新的污染羽流演变的集合均值与方差，图 3-24 为污染源参数的箱线图。

将这些图中的任何一张与 S1 的相应图进行比较，都会发现变化很小，S1b

与 S1 的最终性能非常相似。在 S1b 和 S1 中，最终更新的参数几乎相同。S1b 中的更新对数渗透系数方差在场边缘略大于 S1。在更新后的场中预测的水头和浓度在 S1 和 S1b 中几乎相同。而污染源参数的箱线图在 S1 和 S1b 之间也非常相似。

总之，NS - EnKF 能够将具有远离真实分布的先验概率的初始实现集合更新为一个经过观测数据条件化的实现集合，并最终趋向于重现参考对数渗透系数场，同时捕捉定义未知污染源的参数。这些结果与我们之前对 NS-EnKF 的分析一致，证明了它在更新初始实现集合方面的强大能力，即使这些初始集合由于缺乏对渗透系数空间变异性的了解，与参考场相差较远。

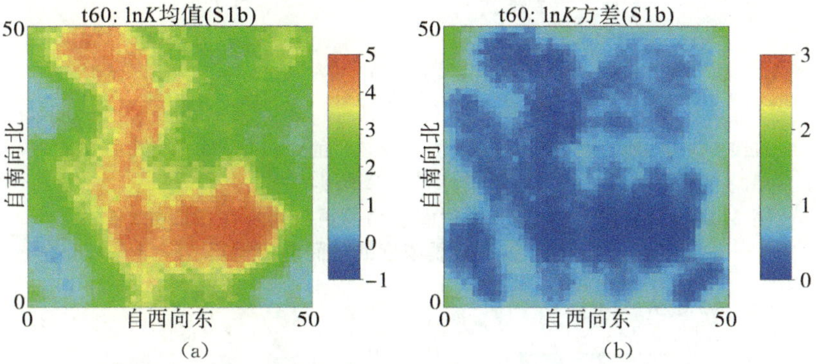

图 3-18　场景 S1b 在第 60 个时间步后更新的 ln*K* 的集合均值(a)与集合方差(b)

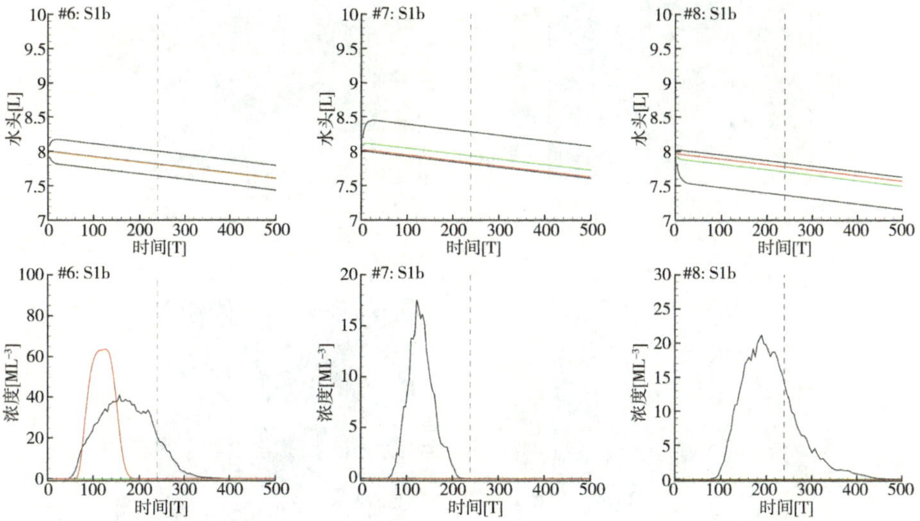

红线为水头或溶质浓度的演变，黑线为所有实现的 5%和 95%，绿线为中位数，垂直虚线标志着同化期的结束。

图 3-19　场景 S1b 中 ln*K* 和源参数的初始集合在三口井＃6、＃7、＃8 的水头及溶质浓度的时间演变情况

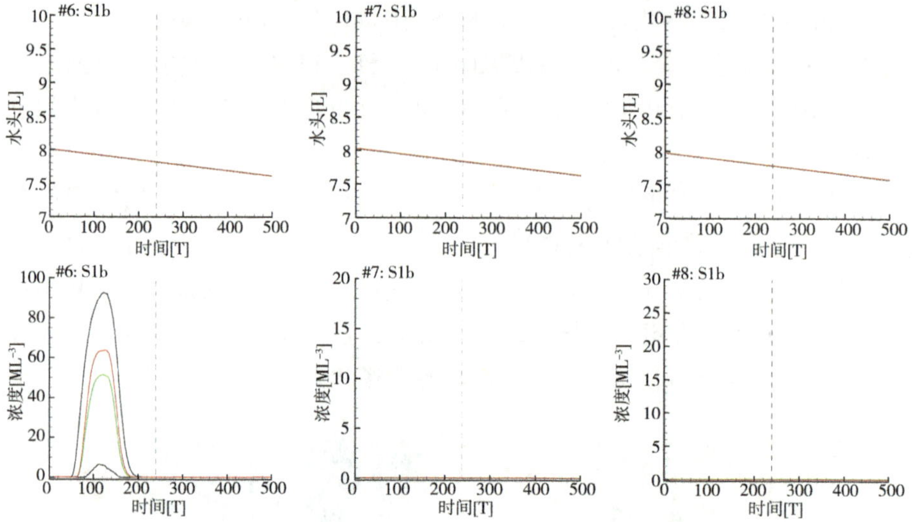

红线为水头或溶质浓度的演变，黑线为所有实现的 5%和 95%，绿线为中位数，
垂直虚线标志着同化期的结束。

图 3-20　场景 S1b 中第 60 个时间步后的更新集合在三口井 #6、#7、#8 的水头及溶质浓度的时间演变情况

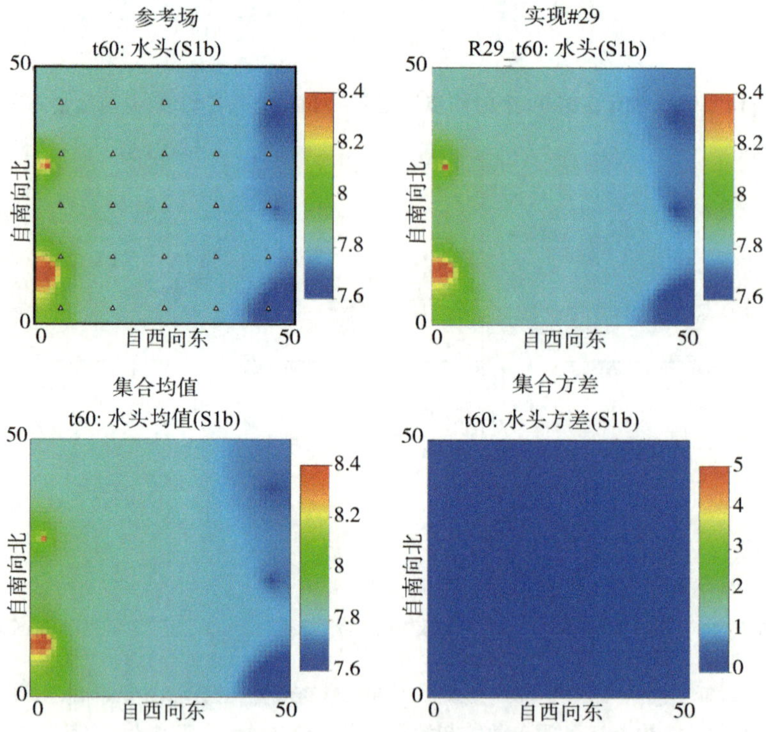

图 3-21　场景 S1b 中第 60 个时间步结束时刻的水头

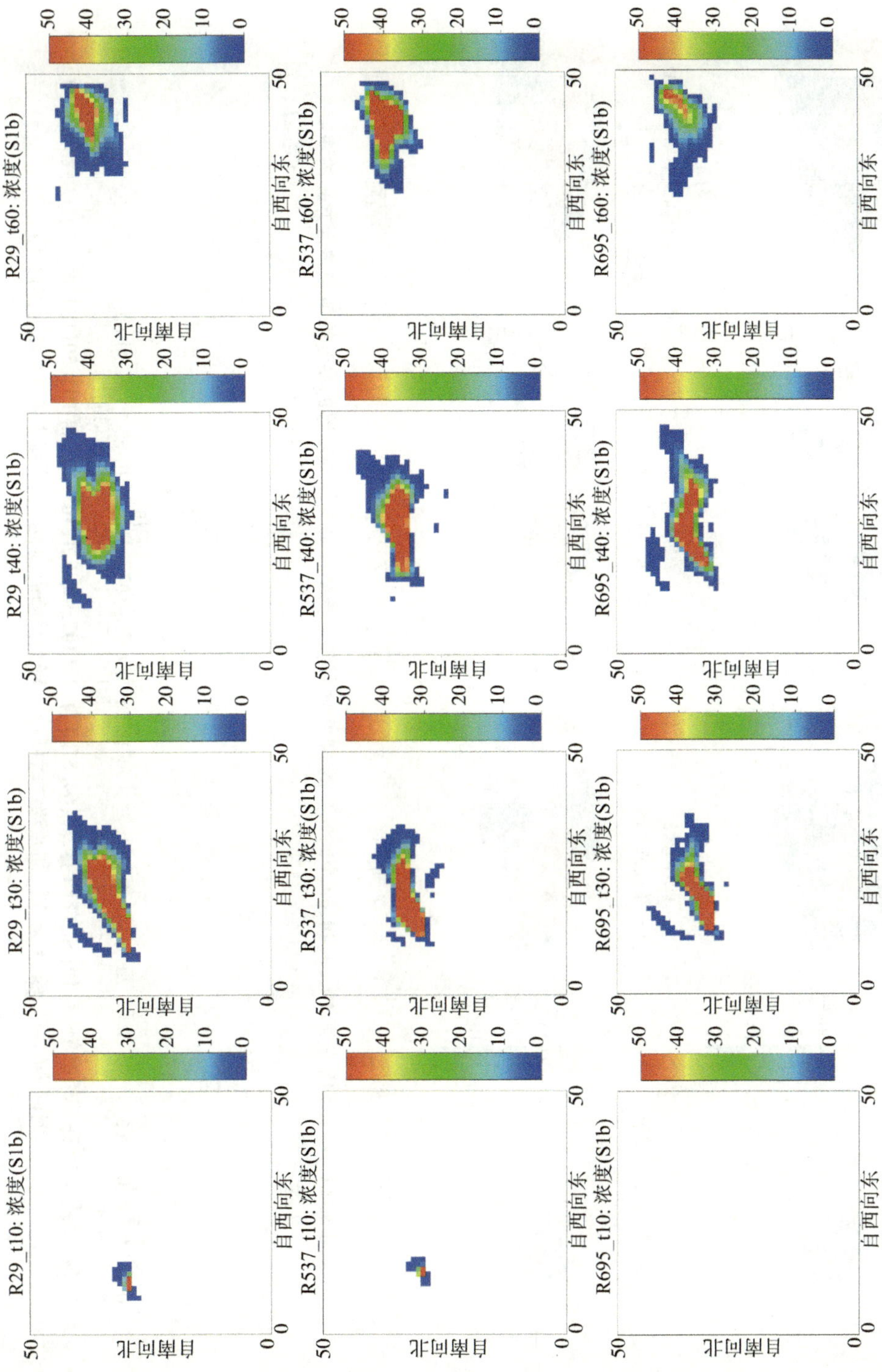

图 3-22　场景 S1b 的第 29 实现、537 实现和 695 实现在第 10、30、40、60 个时间步的更新参数的污染羽流演变

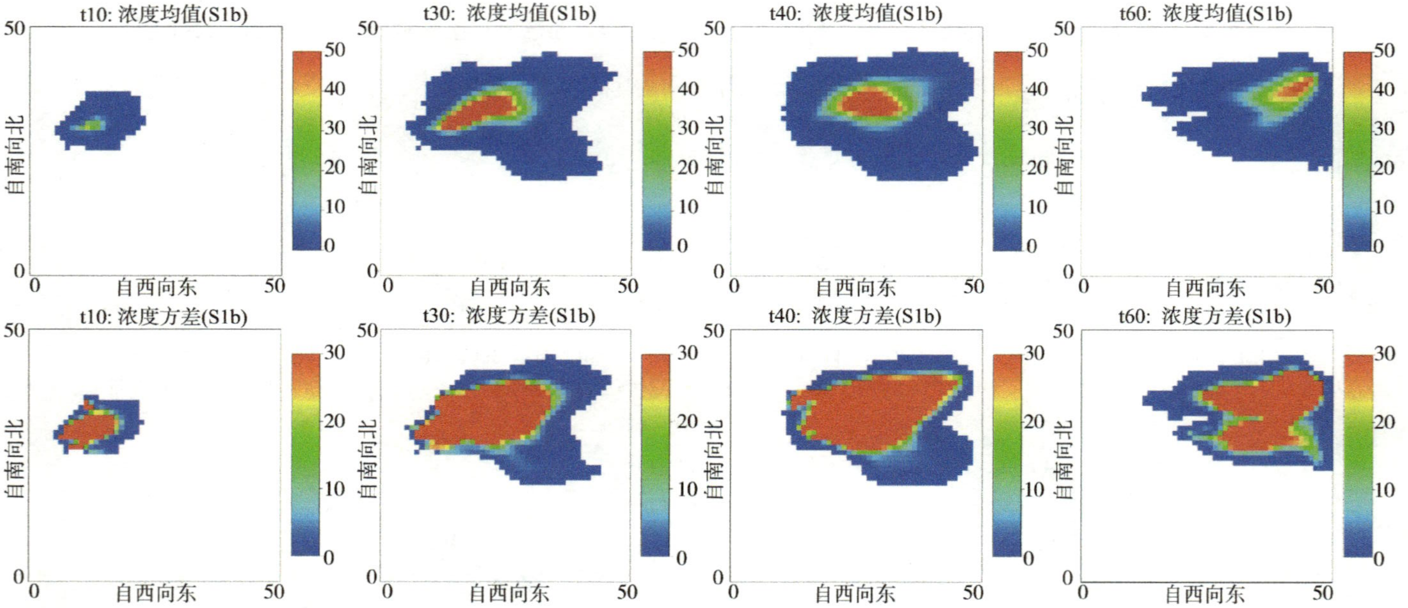

图 3-23　场景 S1b 在第 10、30、40、60 个时间步的 60 个时间步后更新参数的污染羽流的集合均值和集合方差的演变

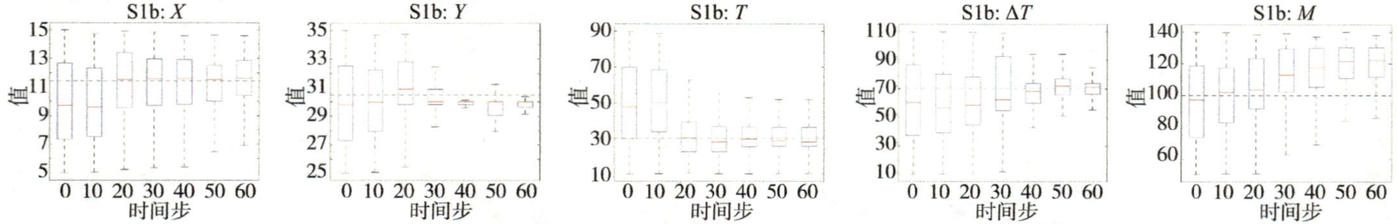

图 3-24　场景 S1b 在初始时刻，第 10(30. 68[T])、20(64. 57[T])、30(102. 02[T])、40(143. 38[T])、50(189. 06[T])、60(239. 53[T])个时间步的源坐标(*X* 和 *Y*)、初始释放时间(*T*)、释放持续时间(Δ*T*)、质量负荷率(*M*)的箱线图

第四章

在砂箱实验中识别地下水污染源及“截渗墙”参数

第一节　研究背景

识别含水层中污染源的问题一直是多年来研究的重点[67,59-97]。目前解决该问题的方法主要分为两种：优化方法和概率方法。二者间的主要区别在于，优化方法能将该问题转化为确定性问题，并在约束条件下找到使给定目标函数最小化的参数；而概率方法则将问题置于随机框架下，把所要估计的参数变成随机变量。

在第一类方法中，Gorelick 等[4]在 1983 年利用线性规划和多元回归的优化模型识别地下水污染源信息；1992 年，Wagner[8]采用非线性最大似然法估计污染源位置及其通量；2000 年，Mahar 和 Datta[53]利用带有等式约束的非线性优化模型估算地下水污染源的强度、位置和持续时间；2007 年，Yeh 等[55]开发了一种混合方法，将模拟退火算法、禁忌搜索算法、三维地下水流动及溶质运移模型相结合，用于解决污染源识别问题；2010 年，Ayvaz[98]利用一种基于和声搜索算法的模拟优化模型，通过隐式求解方法确定污染源位置及其释放历史。在第二类方法中，Bagtzoglou 等[7]在 1992 年采用粒子法以概率方式估算污染源位置和泄漏时间历史；1996 年，Woodbury 和 Ulrych[12]采用最小相对熵方法恢复了一维系统中地下水污染物羽流的释放和演变历史；1999 年，Neupauer 和 Wilson[51]采用了一种基于伴随状态法的反向位置模型(BPM-ASM)来识别污染源；2013 年，Butera 等[57]利用同时释放函数和源位置识别(SRSI)方法确定地下水含水层中污染物的释放历史和污染源位置；Koch 和 Nowak[76]在 2016 年提出并应用了一种贝叶斯反演方法来推断污染源区域结构和含水层参数。

集合卡尔曼滤波(EnKF)是一种概率方法，近年来被应用于解决污染源识别问题。Evensen[24]在 2003 年提出的 EnKF 因其在逆问题求解中的高效性而广受关注，已被广泛应用于海洋学、气象学和水文学等多个领域[28,29,99]。EnKF 的优点总结如下[25,60]：①与其他反演方法相比具有更高的计算效率；②能够轻松集成多种预测模型；③可以同时考虑模型误差和观测误差；④能够简单地表征不确定性，因为其最终结果始终表现为一个集合模拟。在水文地质领域，EnKF 主要用于识别含水层参数，如渗透系数或孔隙度[27,30,100-102]。2016 年，Xu 和 Gómez-Hernández[31]证明了 EnKF 在确定性合成含水层中识别污染源的可行性，随后又在 2018 年的研究中展示了 EnKF 方法可以同时识别污染源参数和渗透系数[32]。

当前，针对实验室或现场案例的研究较少。例如，Woodbury 等人[15]在1998年扩展了最小相对熵(MRE)方法以探寻污染物的释放历史，并成功应用于确定加拿大安大略省格洛斯特垃圾填埋场的1,4-二氧六环污染羽流释放历史。在2003和2004这两年间，Michalak[49,96]采用贝叶斯逆方法，估算了美国特拉华州的多佛空军基地的含水层中三氯乙烯(TCE)和四氯乙烯(PCE)的污染释放历史。该地点此前已由Liu和Ball[103](1999年)在污染源识别背景下进行过分析。2015年，Cupola等人[58,104]比较了基于伴随状态法的反向概率模型(BPM-ASM)与污染源位置识别方法(SRSI)在砂箱实验数据上的表现。2016年，Zanini和Woodbury[105]基于砂箱实验数据，将经验贝叶斯方法与赤池贝叶斯信息量准则(ABIC)相结合，用于推断地下水污染物的释放历史。

本章的主要目的是评估重启集合卡尔曼滤波(r-EnKF)在基于砂箱实验数据识别污染源参数和含水层几何特征方面的性能。研究的关键污染源参数包括：污染释放的位置、开始时间、结束时间以及释放的污染负荷。在几何特征方面，该方法旨在识别插入砂箱中央的隔水板("截渗墙")的位置和长度，该板会使流线向砂箱底部发生偏转。由于无可用的水头数据，r-EnKF同化的状态信息仅限于几个观测点的污染物浓度数据。

本章的脉络如下：首先，介绍r-EnKF的状态方程和基本原理。其次，描述砂箱的物理特性以及用于模拟其行为的数值模型。再次，用模拟砂箱实验的合成实验数据测试r-EnKF，以验证r-EnKF能否准确识别目标参数。接着，基于砂箱实验的实际观测数据验证r-EnKF的应用效果，分析遇到的问题，讨论可能的替代方法，并展示最终结果。最后，对本章的主要研究发现进行总结和结论。

第二节　研究方法

一、地下水流动与溶质运移方程

在 XZ 平面上将砂箱建模为一个二维系统，其中惰性污染物在稳态流下由于平流和弥散而扩散。砂箱在 y 方向上的维度足够小，可以假设对于任何给定的 (x, z) 值，状态变量沿着任何直线是恒定的。控制方程为

$$\frac{\partial}{\partial x}\left(K_x \frac{\partial h}{\partial x}\right)+\frac{\partial}{\partial z}\left(K_z \frac{\partial h}{\partial z}\right)+w=0 \tag{4-1}$$

$$\frac{\partial(\theta C)}{\partial t}=\nabla \cdot(\theta D \cdot \nabla C)-\nabla \cdot(\theta v C)-q_s C_s \tag{4-2}$$

式中：K_x 和 K_z 分别为渗透系数在 x 和 z 方向上的主分量，$[LT^{-1}]$，且假设在整个研究区的坐标系不变；h 为水头，$[L]$；w 为源汇项，$[T^{-1}]$；t 为时间，$[T]$；θ 为多孔介质孔隙度；C 为污染物浓度，$[ML^{-3}]$；$\nabla \cdot$ 为散度算子；∇ 为梯度算子；D 为水动力弥散系数，$[L^2T^{-1}]$；v 为地下水流速，$[LT^{-1}]$；q_s 为污染源在单位体积含水层中的体积流速，$[T^{-1}]$；C_s 为污染源浓度，$[ML^{-3}]$。

地下水流动和溶质运移方程分别由 MODFLOW[64] 和 MT3DS[106] 求解。

二、重启集合卡尔曼滤波

集合卡尔曼滤波(Ensemble Kalman Filter, EnKF)最初由 Evensen[24] 在 2003 年提出，旨在克服原始卡尔曼滤波和扩展卡尔曼滤波中时间上传播协方差的困难。重启集合卡尔曼滤波(r-EnKF)已被证明在合成案例中具有识别污染源的能力[31,32]。本章拟在砂箱实验中测试 r-EnKF 的性能。

在本章的研究中，共需识别八个参数，其中六个参数与污染源有关，分别为污染源位置(X_s,Z_s)、注入浓度 I_c、注入速率 I_r、注入起始时间 T_s 及结束时间 T_e；另两个参数与含水层几何形状有关，分别为垂直板的位置 X_b 和垂直板的深度 Z_b。其余用于定义砂箱中流动和运移条件的参数不需要识别，并等于实验描述中提到的观测值。以下对 r-EnKF 算法进行简要说明。

在具有扩展状态向量的集合卡尔曼滤波中，需处理两种类型的变量，一类是待识别的系统参数，其有无观测值均可，另一类是需要观测值的系统状态变量。系统状态通过求解相应的状态方程，在最新参数更新的基础上，预测收集观测值的特定时间步长。这些观测值被滤波器同化，用于更新系统的参数和状态。为确保预测的系统状态与状态方程完全一致，需从时间零开始重新启动后再预测下一个观测时间的系统状态，因此在重启滤波器中只更新系统参数而不更新状态变量。在本章的例子中，系统状态应与更新的污染源完全一致(在原始滤波器中，系统参数和状态变量都需要进行更新，并根据最近更新的系统参数来更新最近的状态值以预测状态系统)。r-EnKF 是一种迭代算法，其循环过程包括预测和数据同化(伴随参数更新)，直到所有观测值均被利用。用于识别上述八个参数的 r-EnKF 实施过程可总结如下[24,31]。

(1) 生成初始参数值集合。需生成所要识别的八个参数的 N_e 个实现的集合,八个参数由均匀分布的最大值和最小值之间独立生成,并且参数之间相互独立,其作用是用于初始化算法,这个范围可以更大或更小,而且也不需要包含“真值”。共构建 N_e 个 $\boldsymbol{S}_i$,每个实现包含八个参数:

$$\boldsymbol{S}_i=(X_{s_i},Z_{s_i},X_{b_i},Z_{b_i},I_{c_i},I_{r_i},T_{s_i},T_{e_i})^{\mathrm{T}} \tag{4-3}$$

式中:i 为每个实现的索引;T 为转置符号。

(2) 重复每个系统状态的观测时间。每个集合均使用最近更新的参数值(或第一个观测时间的初始参数)预测第 t 个观测时间的系统状态,即含水层中的溶质浓度。在原始的 EnKF 实现中,系统在第 t 个观测时间的状态是依据第 $t-1$ 个观测时间的浓度和此时最近更新的参数进行更新的。除非状态方程从零时刻开始求解,否则几乎不可能计算源位置的更新或注入时间,由此可见,该过程需要从零时刻开始重新模拟[31]。通过下式进行浓度预测:

$$\boldsymbol{C}_i^f(t)=\psi[C_0,\boldsymbol{S}_i^a(t-1)] \tag{4-4}$$

式中:上标 f 和 a 分别为同化后的预测值和更新值;ψ 为在 N_m 个节点的网格上预测时间、浓度的数值模型;$\boldsymbol{C}_i$ 为一个 $N_m\times 1$ 列向量,包含用于实现 i 的数值模型的所有离散化节点处的预测浓度;$\boldsymbol{S}_i^a$ 为最后更新参数的向量;C_0 为整个区域的初始污染物浓度,所有实现均具有相同的初始污染物浓度。系统参数的预测可简化为下式:

$$\boldsymbol{S}_i^f(t)=\boldsymbol{S}_t^a(t-1) \tag{4-5}$$

(3) 参数更新。首先通过预测实现集合计算参数协方差:

$$\boldsymbol{P}_{\mathrm{S}}^f(t)=\frac{1}{N_e}\sum_{i=1}^{N_e}\left\{\left[\boldsymbol{S}_i^f(t)-\overline{\boldsymbol{S}_i^f(t)}\right]\left[\boldsymbol{S}_i^f(t)-\overline{\boldsymbol{S}_i^f(t)}\right]^{\mathrm{T}}\right\} \tag{4-6}$$

$$\overline{\boldsymbol{S}_i^f(t)}=\frac{1}{N_e}\sum_{i=1}^{N_e}\boldsymbol{S}_i^f(t) \tag{4-7}$$

式中:$\boldsymbol{P}_{\mathrm{S}}^f$ 为参数协方差的 8×8 矩阵;$\overline{\boldsymbol{S}_i^f(t)}$ 为参数平均值的 8×1 列向量。

然后,仅使用在时间 t 内落在浓度观测位置的预测浓度值计算参数-浓度交叉协方差,为简单起见,假设观测值在数值模型节点处,否则需要提供线性平均程序来根据模型浓度预测估计观测位置的浓度:

$$\boldsymbol{P}_{\mathrm{SC}}^f(t)=\frac{1}{N_e}\sum_{i=1}^{N_e}\left\{\left[\boldsymbol{S}_i^f(t)-\overline{\boldsymbol{S}_i^f(t)}\right]\left[\boldsymbol{C}_i^f(t)-\overline{\boldsymbol{C}_i^f(t)}\right]^{\mathrm{T}}\right\} \tag{4-8}$$

$$\overline{\boldsymbol{C}_i^f(t)}=\frac{1}{N_e}\sum_{i=1}^{N_e}\boldsymbol{C}_i^f(t) \tag{4-9}$$

式中：$\boldsymbol{P}_{SC}^f$ 为参数-浓度交叉协方差的 $8\times N_0$ 矩阵；N_0 为在时间步 t 进行观测的数值模型的节点数；$\overline{\boldsymbol{C}_i^f(t)}$ 为平均浓度的 $N_0\times1$ 列向量。

第三，计算 $8\times N_0$ 的卡尔曼增益矩阵 $\boldsymbol{K}(t)$：

$$\boldsymbol{K}(t)=\boldsymbol{P}_S^f(t)+[\boldsymbol{P}_{SC}^f(t)+\boldsymbol{R}(t)]^{-1} \tag{4-10}$$

式中：$\boldsymbol{R}(t)$为 $N_0\times N_0$ 的对角观测误差协方差矩阵，说明观测误差之间没有相关性。

最后，实现通过下式继续更新参数值：

$$\boldsymbol{S}_i^a(t)=\boldsymbol{S}_i^f(t)+\boldsymbol{K}(t)[\boldsymbol{d}_i(t)-\boldsymbol{C}_{io}^f(t)] \tag{4-11}$$

式中：$\boldsymbol{d}_i(t)$为 $N_0\times1$ 的观测浓度向量（包括由 $\boldsymbol{R}(t)$给出的协方差的观测误差）；$\boldsymbol{C}_{io}^f(t)$为 $N_0\times1$ 的预测浓度向量。

（4）回到第 2 步，重复整个过程，直到利用所有的观测信息。

第三节 实验情况

一、实验描述

以荧光素钠作为示踪剂，在砂箱中进行单点污染实验。砂箱由有机玻璃制成，外形尺寸为 120 cm×14 cm×70 cm，其内部体积为 96 cm × 10 cm × 70 cm，如图 4-1 所示，其内部填充了直径恒定的球形玻璃珠。箱体边缘有两个储水池，用以维持上游和下游的恒定水位，水位分别为 60.7 cm 和 53.6 cm。在砂箱上游的红色方块处设置注射器，在砂箱中间的玻璃珠内垂直插入一块塑料隔水板（视为“截渗墙”），其位置和长度如图 4-1 所示。将实验设备放置在暗箱中，并使用数码相机每 5 s 拍摄一次荧光素在标注区域（85 cm × 44 cm，图中带垂直短线的矩形所示）的光度分布。拍摄的图片经过处理后，利用标定程序将荧光亮度转化为浓度值[107]。标定过程中，使用八种不同浓度的荧光素钠溶液（C=0，2.5，5，10，20，25，30，35 mg/L）在每个像素点生成光度-浓度曲线。

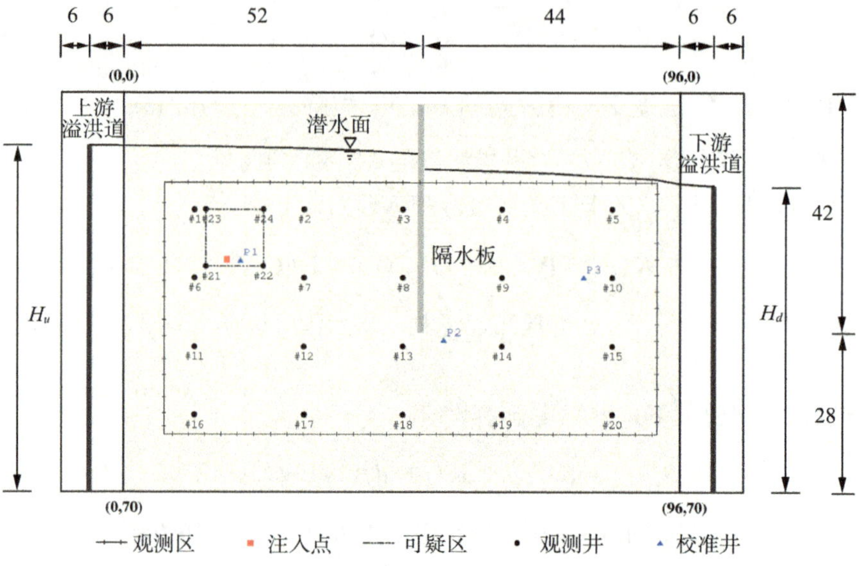

带垂直短线的矩形为摄像机捕捉的浓度观测区，红点为释放点，红点周围的虚线为可疑释放地点，装置尺寸单位为cm，四个坐标为流动运移模型的四个角坐标。

图 4-1　上游(H_u)和下游(H_d)为恒定水头边界的实验装置示意图

实验总时长为 1 965 s，注入开始时间为 120 s，结束时间为 1 000 s。在实验过程中，还记录了注入的速率和浓度。需注意的是，水箱的设计不允许进行水头的观测。如果有水头的数据，滤波器中同化的数据种类及数量将增多，有助于改进识别信息[32]。

二、数值模型

由于砂箱在 y 轴的厚度相对较小，可假设沿该方向的水头和浓度的变化可忽略不计，并由此建立 XZ 平面内的二维地下水流动和溶质运移模型。上下游垂直边界设置为恒定的规定水头值，底部边界为不透水边界，顶部边界为潜水面。该模型对应于图 4-1 中的黄色区域，图中给出了模型四个角的坐标。

槽内填充均匀的球形玻璃珠，渗透系数为 0.58 cm/s，孔隙率为 0.37。在距离左侧边界 52 cm 的位置垂直插入了一块长度为 42 cm 的塑料板，并将其视为使流线向砂箱底部偏转的不透水屏障。砂箱被离散为 1 行、96 列、70 层。每个单元格的大小$(\Delta x,\Delta y,\Delta z)=(1,10,1)$ cm。总模拟时间为 1 800 s，并将其离散为 90 个均匀时间步长。

Citarella 等人[107]在 2015 年对球形玻璃珠的纵向和横向弥散度进行了评估，分别为 0.16 cm 和 0.048 cm。表 4-1 为地下水水流和运移参数。

表 4-1 地下水流动和运移参数

参数类型	参数值
渗透系数,K	0.58 cm/s
孔隙率,ϕ	0.37
纵向弥散度,α_L	0.16 cm
横向弥散度,α_T	0.048 cm

污染物释放坐标为(18.5 cm,30.5 cm),浓度为 20 mg/L,注入速率为 0.95 cm^3/s。

在集合卡尔曼滤波的初始步骤中,从均匀分布中生成了 800 组污染源参数和塑料板参数的八元组,这些初始分布并未以真实值为中心。表 4-2 中列出了需要识别的参数的真实值及用于生成初始集合的均匀分布的可疑范围。

表 4-2 生成初始集合的污染源和含水层参数的真实值和可疑范围

参数	真实值	可疑范围
X_s(cm)—污染源横坐标	18.5	16～25
Z_s(cm)—污染源纵坐标	30.5	23～32
X_b(cm)—垂直板横坐标	52.5	50～59
Z_b(cm)—垂直板长度	42.5	35～43
I_r(cm^3/s)—注入速率	0.95	0.6～1.1
I_c(mg/L)—注入浓度	20	5～24
T_s(s)—初始释放时间	120	80～260
T_e(s)—终止释放时间	1 000	960～1 140

第四节 应用

本章的研究旨在验证 r-EnKF 识别污染源信息的能力,污染源信息包括污染源位置(X_s,Z_s)、注入信息(I_c,I_r)、释放时间(T_s,T_e)以及隔水板的位置和长度(X_b,Z_b)。实验数据来源于实验室中的浓度观测。作为先验测试,我们分析了一个合成案例,其中浓度数据由砂箱的数值模型生成。这种方式消除了由于预测模型与观测模型不一致而导致的建模误差，因为 r-EnKF 所用的正向模型与生成观测值的模型完全一致。在下一部分中，我们将使用实验室数据重新进行分析，探讨发现的问题并提出可能的解决方案。

一、合成砂箱实验

在此案例中，我们设计了两个场景（S1 和 S2）以评估 r-EnKF 的性能，场景的观测井数量不同：①场景 S1 有 20 口观察井；②场景 S2 包含 24 个观测井，其中增加了 4 个位于可能释放区域四个角落的观测井（＃21、＃22、＃23、＃24），如图 4-1 所示。设计场景 S2 的理由是，在分析场景 S1 后发现需要更多关于污染羽流演化的信息，因此决定在可能释放区域周围增加四个观测井。这种增加确实能够改进污染源的特征化。在这两个场景中，忽略了模型误差，并假设观测误差相互不相关，均值为零，标准差为 0.1 mg/L。

图 4-2 和图 4-3 分别为两种方案的更新状态参数的集合均值和集合方差的时间演变，图 4-4 为由 800 个集合计算的箱线图的时间演变。在 60 个时间步之后，参数的均值和方差的收敛率分别小于 1 %和 5 %，所有参数都接近最终估计值并趋于稳定。需要注意的是，大多数参数的方差在某些时间步会突然下降。这种下降与新观测井开始检测到污染羽流首次到达有关。这表明滤波器同化的信息量并非随着时间连续变化，而是以阶梯式增加，当新井首次观测到溶质羽流时，信息量会增加。

我们可以区分两类参数：①精确识别的参数。通过集合均值精确识别，方差几乎为零。这类参数包括垂直隔水板的位置参数（X_b，Z_b）以及污染源的垂直位置 Z_s，无论同化过程中使用的是 20 个还是 24 个观测点，这些参数均能精确识别；②近似识别的参数。这类参数能够得到较为接近的估计值，但仍存在一定的不确定性，例如污染源的水平位置 X_s 和释放时间（T_s，T_e）。在场景 S2 中，这些参数的均值更接近真实值，不确定性（方差）比场景 S1 更小。

污染源水平位置 X_s 对浓度数据的敏感性较低，仅当在可能释放位置的四个角落增加了额外数据点后，算法才能对该参数提供较好的估计。类似的情况也出现在释放的起始时间 T_s 和结束时间 T_e 的识别中。注入浓度 I_c 和注入速率 I_r 通过其中位数值得到较好的识别，场景 S2 中的不确定性最小。这些结果与参数值变化对观测位置浓度分布的敏感性相一致：浓度分布对垂直板的位置（影响流场）和释放源的垂直位置（影响污染羽流的主要轨迹）最为敏感；对于其他参数（如 X_s、T_s、T_e），其在不确定性范围内的变化引起的浓度变化与观测误

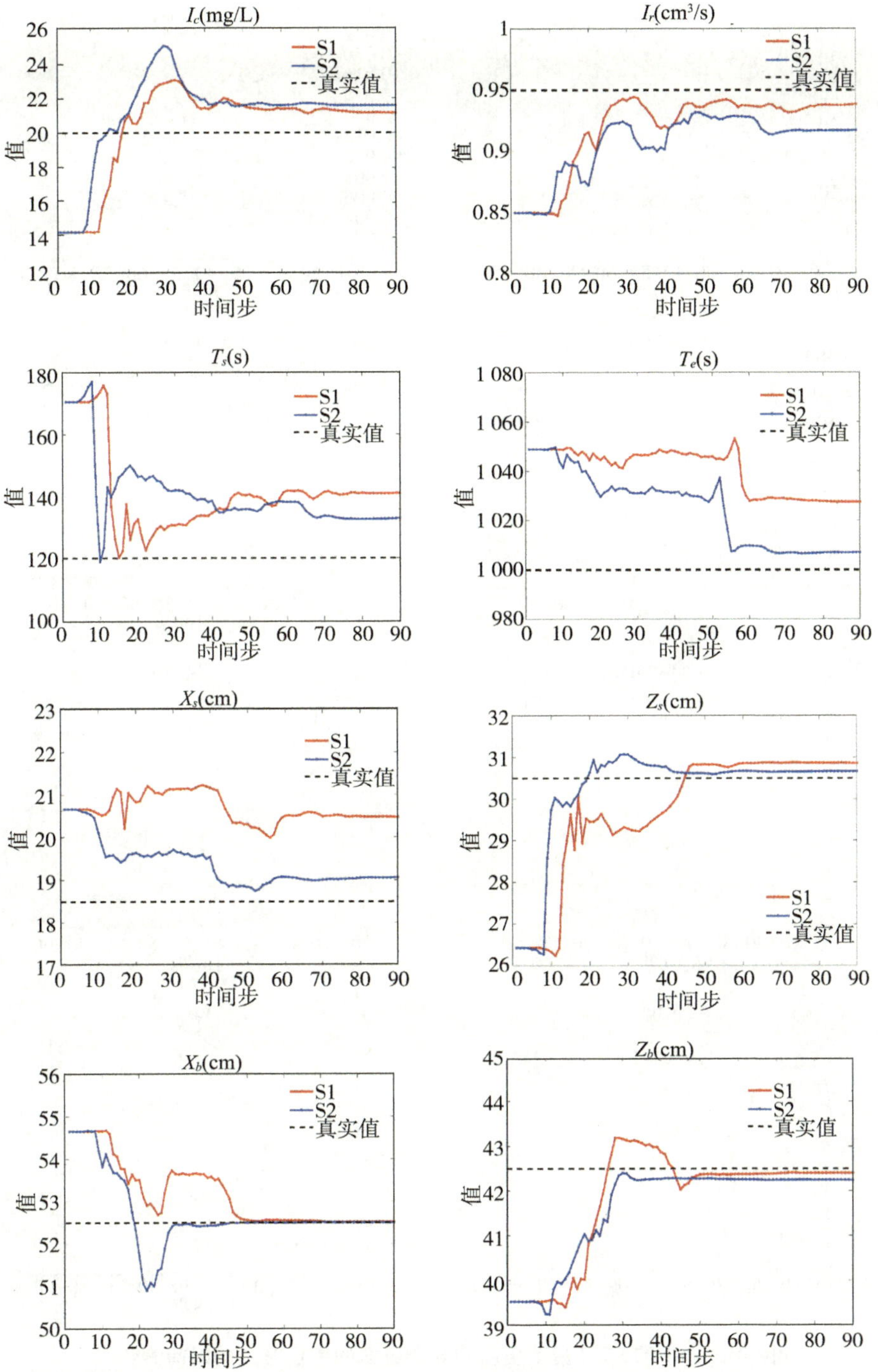

图 4-2　S1 和 S2 场景下更新的 8 个参数的集合均值的时间演变

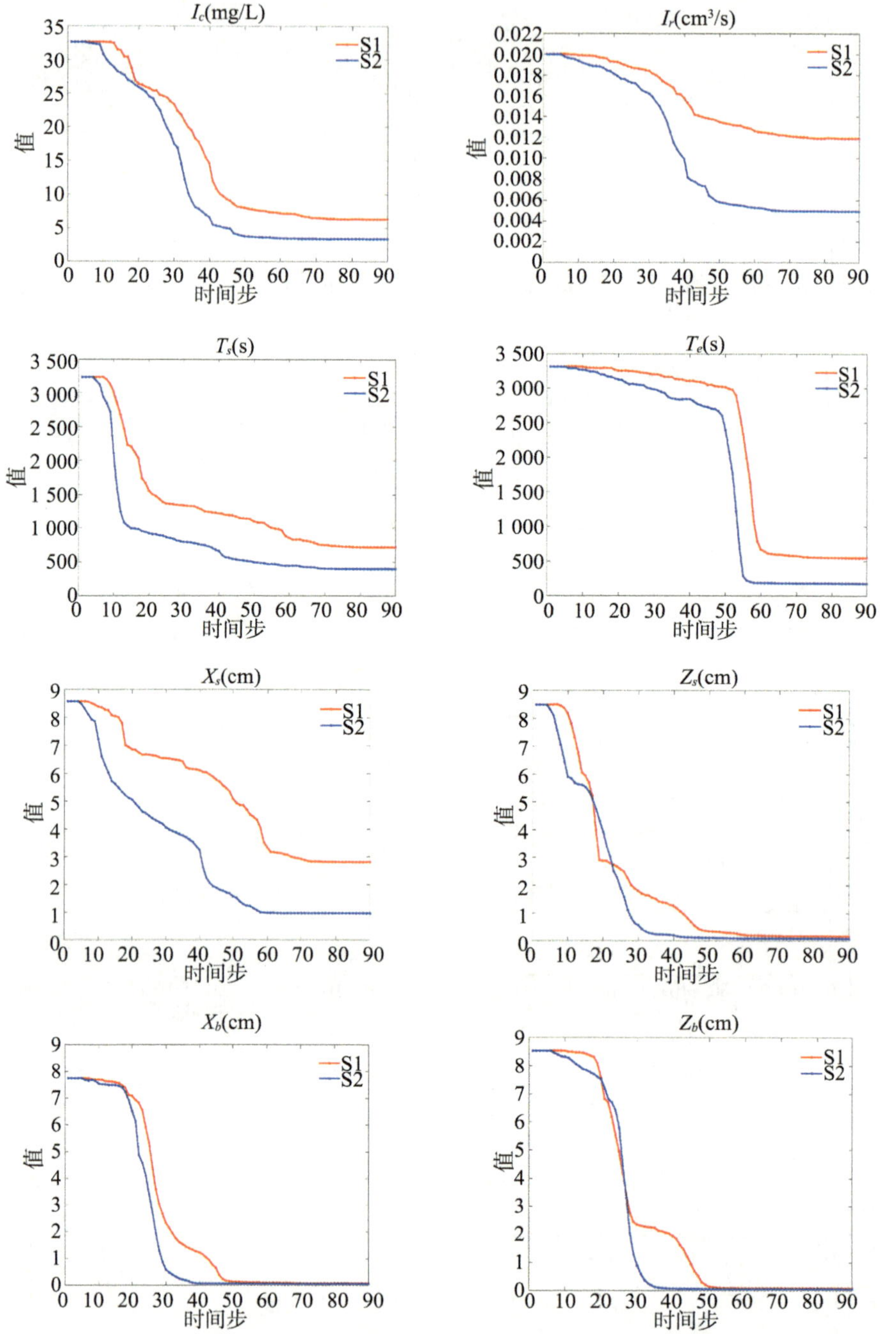

图 4-3　S1 和 S2 场景下更新的 8 个参数的集合方差的时间演变

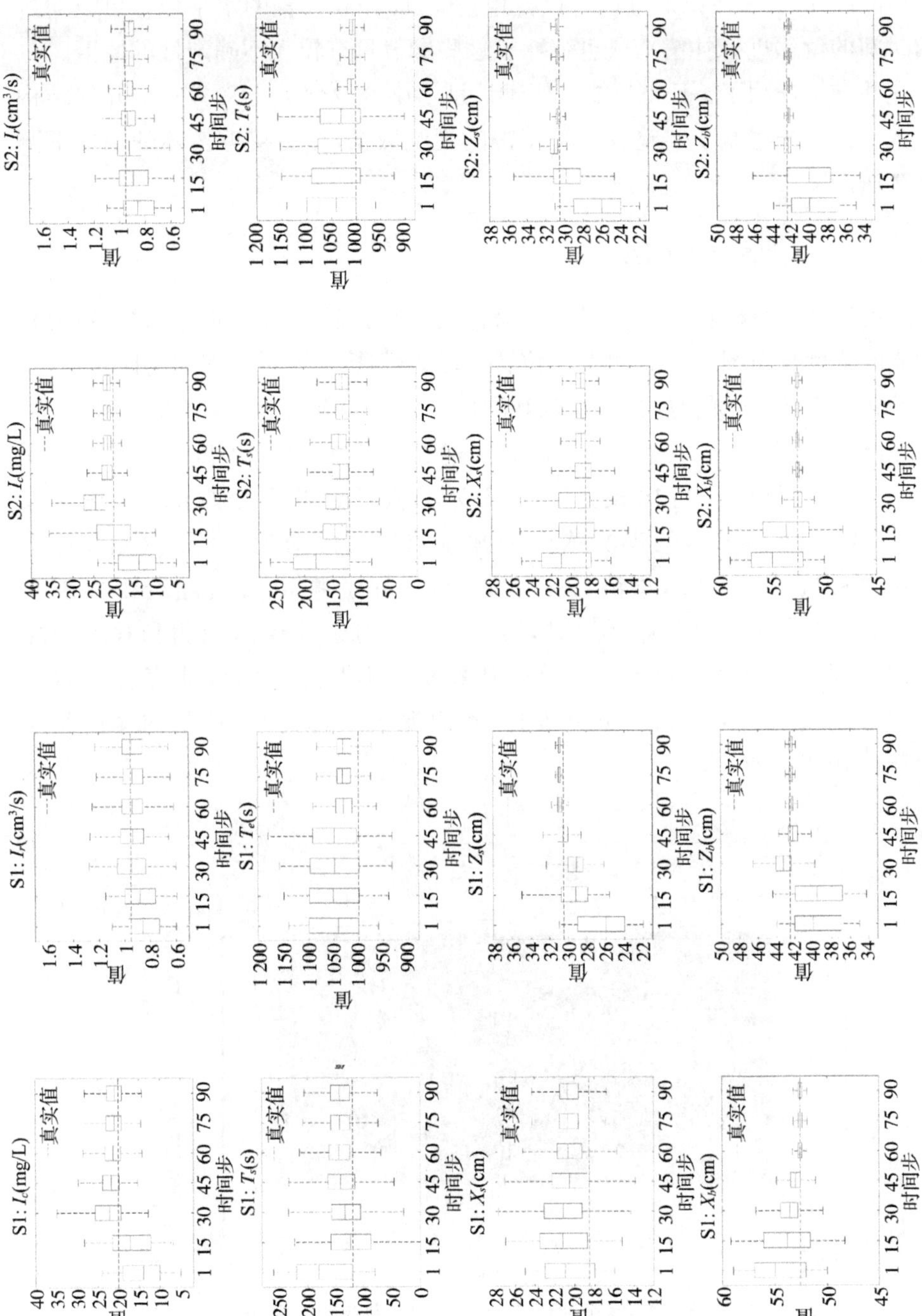

图 4-4　场景 S1 和 S2 在不同时间步(1,15,30,45,60,75,90)下 8 个更新参数的箱线图

差的量级相当，因此敏感性较低。此外，污染源释放的水平坐标 X_s 与释放起始和结束时间 T_s、T_e 在识别过程中存在相关性（即释放位置的水平位移可以通过初始时间的位移进行补偿），这也解释了这些参数具有较大不确定性的原因。

这些结果证明了 r-EnKF 能够用于识别污染源及部分定义含水层几何结构的参数。下一步将基于实验室实验获得的观测数据，在更接近实际的条件下测试该算法。

二、实验室砂箱实验

如前所述进行砂箱实验。图 4-5 为释放开始后第 48 个时间步(840 s)荧光素羽流的浓度分布图以及观测点的位置。可以清晰看到，由垂直板引起的流线发生偏转。需要注意的是，只有少数观测压强计实际检测到了羽流的突破。

在测试 r-EnKF 前，我们使用已知的释放参数模拟了浓度演化，并将预测结果与观测数据进行比较。图 4-6 为羽流通过的 5 个观测点（井 ＃7、＃9、＃10、＃13、＃22）的观测浓度和预测浓度间的对比。可以看出，对于离污染源最近的井 ＃22，预测结果非常接近；除了井 ＃9 外，随着距离源头的增加，预测效果有所下降，但总体误差不大。对于井 ＃9，预测和观测的穿透曲线的起始和结束时间是一致的，但浓度的不匹配表明可能存在模型参数误差或观测数据的错误。此外，对于距离源头最远的井，预测的穿透曲线与观测值相当接近。

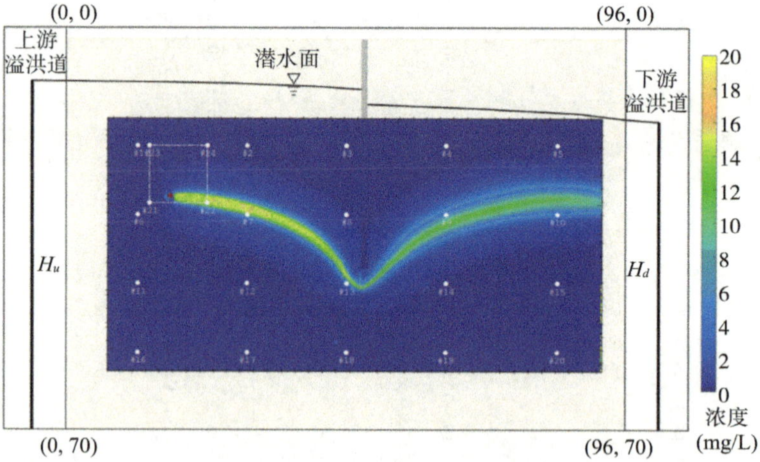

图 4-5　第 48 个时间步时砂箱内的荧光素浓度场

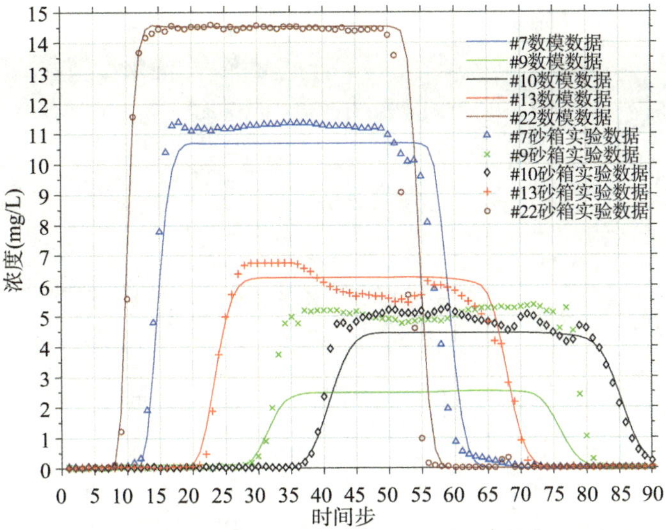

图 4-6　各个观测井在数值模拟和砂箱实验中的穿透曲线

在接下来的应用中，我们分析了不同观测误差分布对 r-EnKF 识别污染源参数的影响。我们设置了三种不同的观测误差大小的场景，分别命名为 R1、R2、R3。在所有三种情况下，误差均值为 0，其标准偏差分别为 0.5 mg/L、1.0 mg/L、3.0 mg/L。值得注意的是，Cupola 等[104]曾在 2015 年设计了一个标准偏差为 1.0 mg/L 左右的观测误差的研究。

玻璃珠的渗透系数在每次模拟中被视为均质且不确定，其值从均值为 0.58 cm/s 和标准偏差 0.05 cm/s 的高斯分布中抽取。我们引入了这种渗透系数的不确定性，作为模型误差的替代。虽然这种分布的选择是基于标定值的任意决定，其他分布也可以被使用。考虑到是否包含这种不确定性对结果的影响较小(未详细报告)，我们认为具体分布的选择对最终结果影响不大。

图 4-7 为 R1、R2 和 R3 三个场景在不同时间步长下参数更新的箱线图。由于观测浓度数据是通过与 r-EnKF 预测步骤相同的数值模型生成的，导致结果不如合成案例中理想。对于场景 R1，较小的观测误差使得 r-EnKF 试图寻找与真实值偏差较大的源参数，以产生接近观测值的浓度，特别是注入浓度和注入速率在 90 个时间步后仍未收敛到稳定值。其他参数尽管收敛到稳定中位数，但与真实值相比，精度不如合成案例高，尤其是垂直板的水平位置参数。

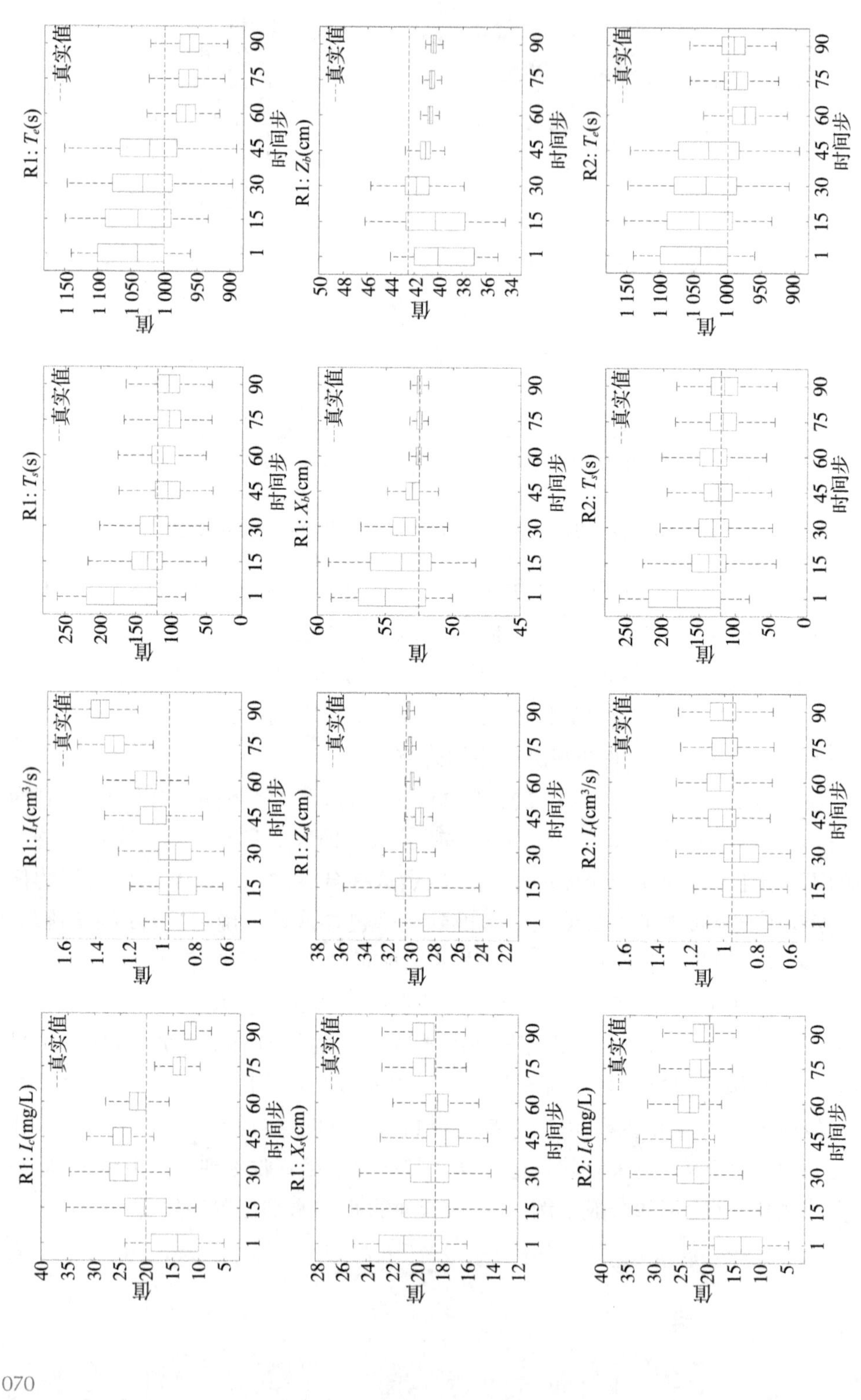
R1: I_c(mg/L)
R1: I_r(cm^3/s)
R1: T_s(s)
R1: T_e(s)
R1: X_s(cm)
R1: Z_s(cm)
R1: X_b(cm)
R1: Z_b(cm)
R2: I_c(mg/L)
R2: I_r(cm^3/s)
R2: T_s(s)
R2: T_e(s)
真实值
值
时间步

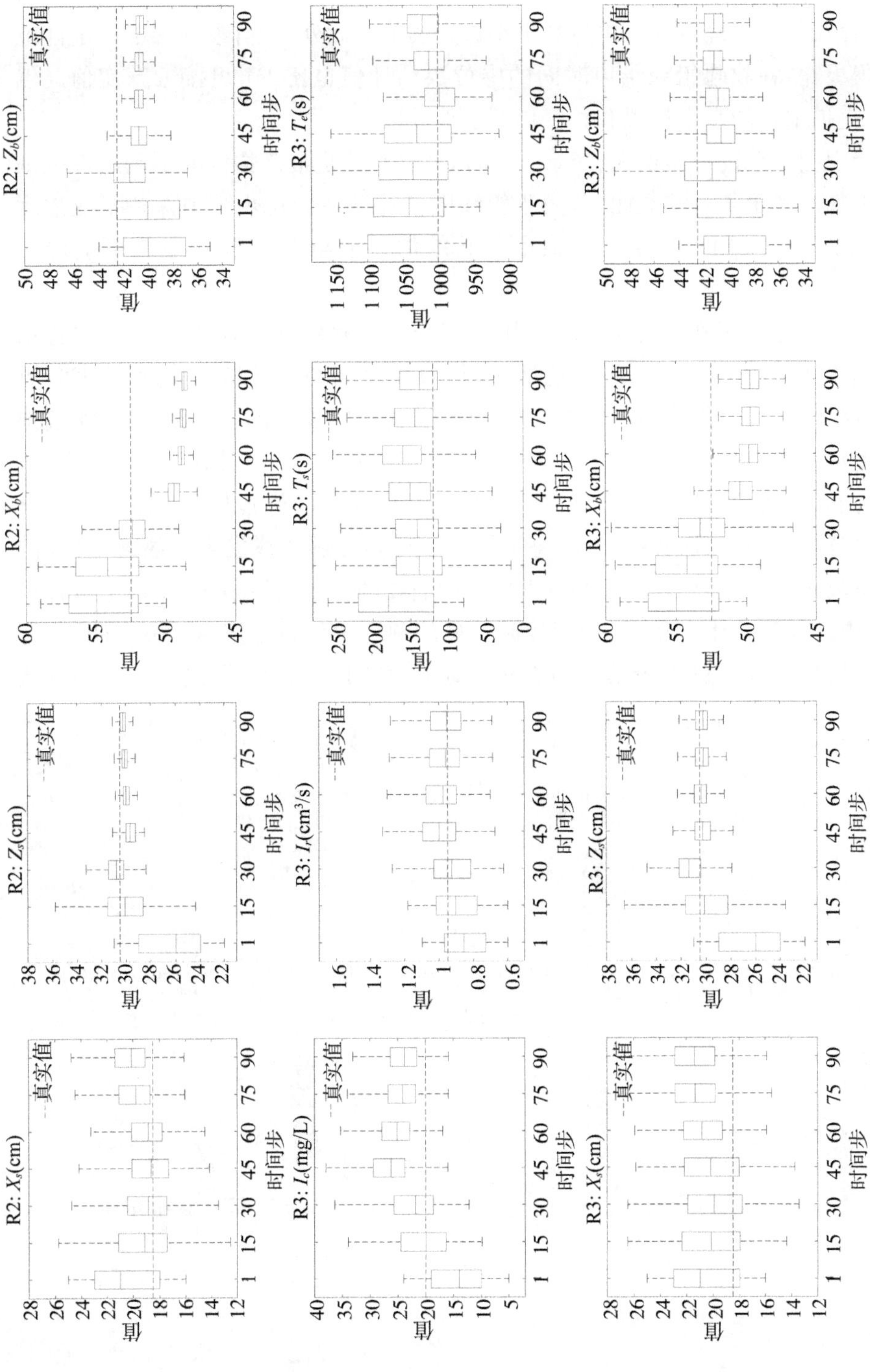

图 4-7　场景 R1、R2 和 R3 在不同时间步(1,15,30,45,60,75 和 90)下 8 个更新参数的箱线图

随着观测误差增大(场景 R2),注入浓度和注入速率参数达到了稳定估计值(尽管存在较大不确定性),中位数更接近真实值。此外,所有参数的不确定性范围变得更宽,释放起始和结束时间的中位数估计值也比 R1 更接近真实值。然而,垂直隔水板的水平位置和长度仍低于估计值。

当观测误差进一步增大(场景 R3)时,主要影响是最终估计的不确定性范围大幅增加。对于某些参数而言,由于箱线图的宽度在同化步骤中保持不变浓度观测似乎未带来额外价值。参数中位数的估计值与 R2 类似,但其不确定性更大。

图 4-8 显示了在同化步骤未使用的三个观测井(#P1、#P2、#P3,位置示意见图 4-1)的预测浓度。结果包括使用初始八元组参数和三个场景结束时更新的八元组参数的预测值。图中蓝色圆形线表示砂箱中的真实浓度,800 条预测浓度穿透曲线中的每一条都由集合的 8 组参数计算得出,图中红线表示中值,虚线为 90 %置信区间。可以观察到,同化前(顶部第一行),预测的浓度曲线分布非常分散。同化后(底部三行,每个场景一行),穿透曲线发生了显著变化(例如中位数曲线的比较)。对于场景 R1,预测曲线的分散性最小,但因过于拟合观测值,更新参数产生了偏差,使得控制井处的预测中位数也偏离了真实曲线,有时真实值甚至位于 90%置信区间之外。对于场景 R2 和 R3,预测中位数的偏差小于 R1,当 R3 得到不确定性最宽。

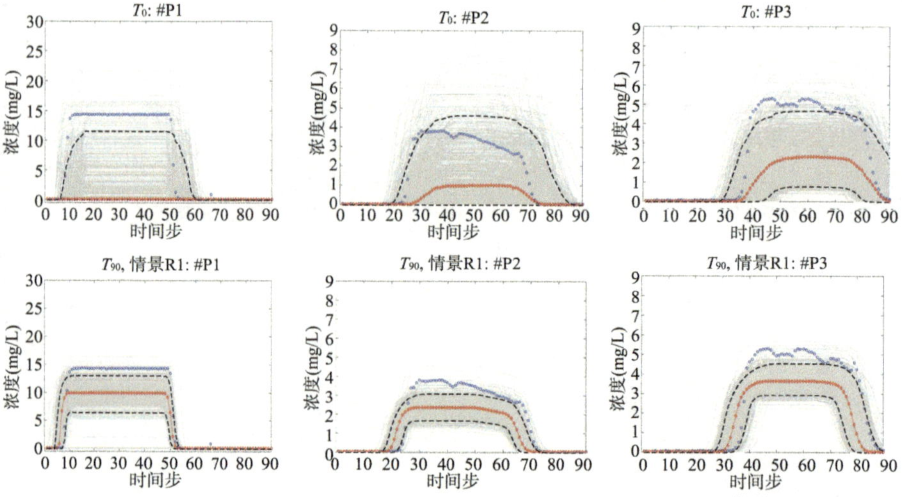

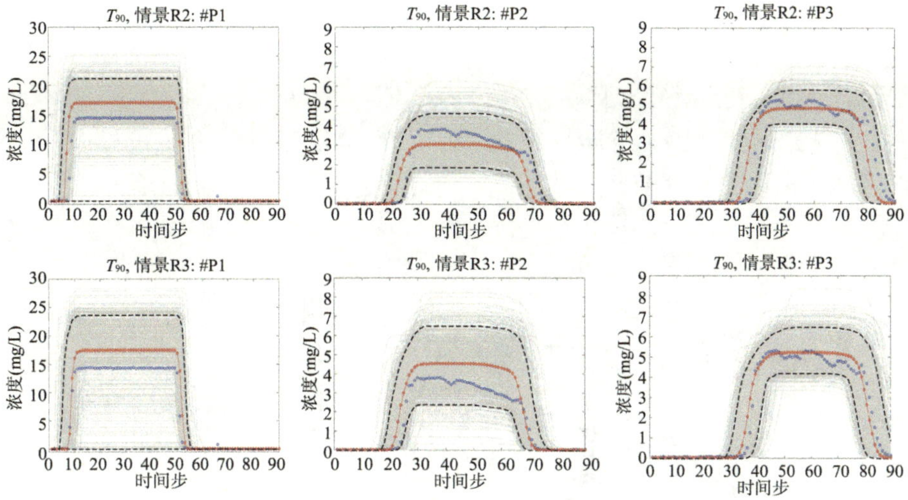

细灰色线为所有 800 种实现的曲线，红色菱形线为中位数，黑色虚线为总实现的 5%和 95%，蓝色圆形线为真实浓度。

图 4-8 对照井的穿透曲线

从结果来看，标准差为 1 mg/L 的观测误差与模型观测最为一致，这一结论与 Cupola 等人[104]在 2015 年的发现相吻合。然而，我们仍对井＃9 的预测与观测之间的显著差异表示担忧，因此决定在场景 R2 中重新运行模拟，但不使用该井的数据(称为 R2b)。图 4-9 显示了这一场景的结果，与图 4-7 中场景 R2 的结果相比，参数中位数的估计总体有所改善，特别是位置参数，但不确定性几乎没有变化。这一改进进一步支持了我们对井＃9 数据采集可能存在问题的怀疑。

此外，我们还考虑到垂直板插入砂箱后可能存在密封问题。尽管实验中未发现板材并非完全不透水的证据，但板材与砂箱墙壁之间的接触可能存在小缝隙，导致板材略微透水。因此，我们重新运行了场景 R2，假设板材具有略微透水性，其渗透系数比玻璃珠低两个数量级(此值为任意设置，实验室中并未观察到)。这一新场景(称为 R2c)的结果见图 4-10(注意井＃9 的数据在此场景中保留)。该场景的主要变化是，集合中位数估计的垂直板长度从 40.5 cm 增加到 44.2 cm(真实值为 42.0 cm)。这表明场景中假设的板材渗透系数可能设置得过高，从而导致算法扩大板材尺寸以匹配观测浓度。虽然这一结果并不能完全证明板材密封问题是模型误差的原因，但它表明透水性对板材参数估计有显著影响。

根据上述结果可知，r-EnKF 可以用于砂箱实验中的均质含水层污染源识别以及几何参数的估计。由于过于拟合数据可能导致参数估计偏差，因此准确评估观测误差至关重要。

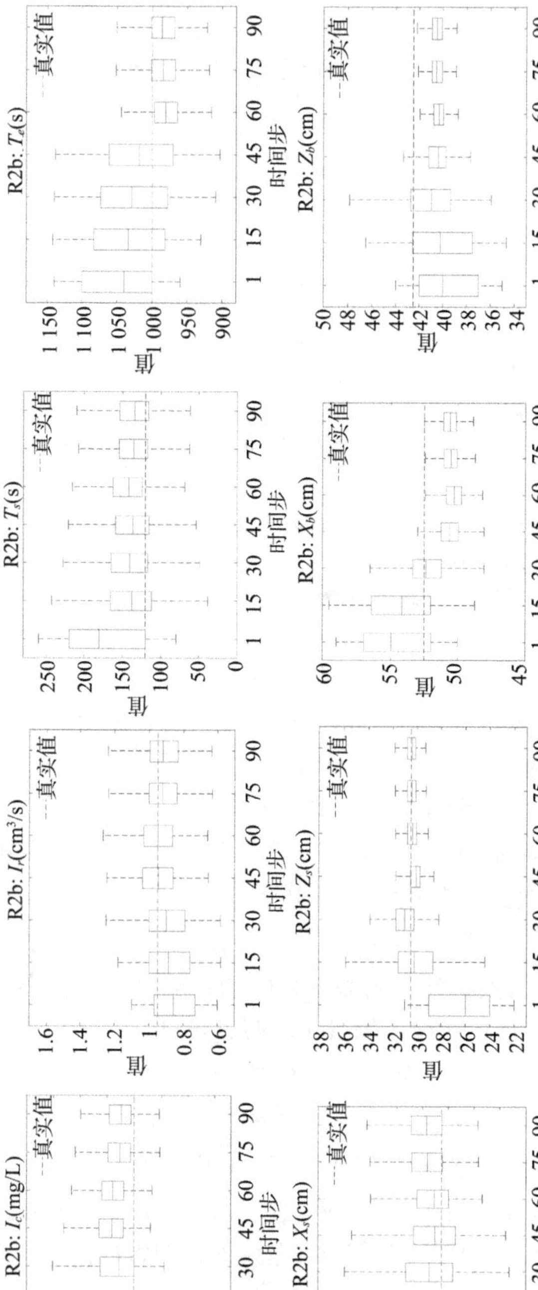

图 4-9　场景 R2b 中 8 个更新参数在不同时间步(1、15、30、45、60、75、90)下的箱线图

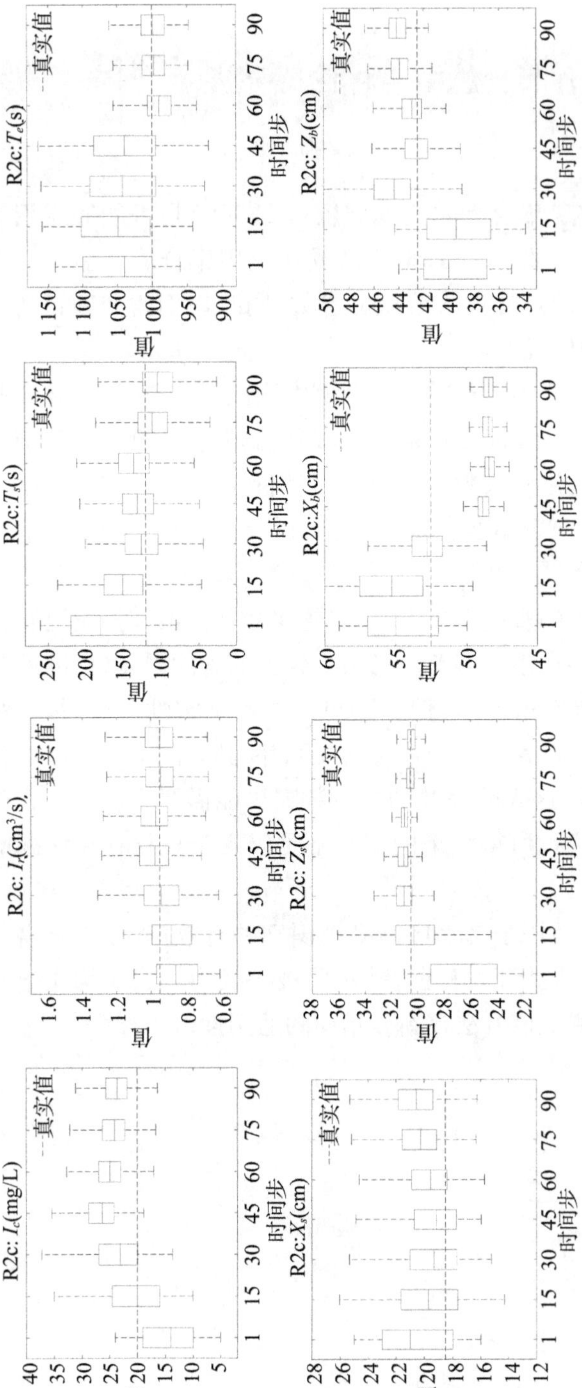

图 4-10　场景 R2c 中 8 个更新参数在不同时间步(1,15,30,45,60,75,90)下的箱线图

第五节　总结与讨论

本章的主要目的是测试重启集合卡尔曼滤波器(r-EnKF)是否能够应用于基于砂箱实验的更现实的场景。此前，r-EnKF 已成功应用于合成实验中。本章研究的重点在于识别有限脉冲点源注入溶质的参数，同时识别改变砂箱初始矩形几何形状的垂直隔水板的位置。

作为初步步骤，我们在一个模拟砂箱的合成案例中测试了 r-EnKF。在这些高度受控的条件下，算法表现良好，符合预期。与以往合成分析的主要区别在于，在滤波器的同化步骤中未使用水头数据。随后，我们利用实验室实验数据测试了 r-EnKF。在这种情况下，观测数据并非由计算机代码生成，我们也不清楚观测误差的具体大小。

结果分析表明，若使用过小的观测误差方差，尽管参数估计值和控制位置的浓度预测可能较为精确，但会存在系统偏差。当引入较大的观测误差(标准差为 1 mg/L)时，估计值和预测结果有所改善，但伴随更大的不确定性。最后，当观测误差过大时，结果会显著恶化。移除一个可疑的观测井(其观测浓度始终被预测模型低估)后，结果有所改善，这表明该井的测量数据可能需要重新审视。而将垂直隔水板假设为略微透水后，所得结果的变化不足以支持板材存在渗漏的假设。

总体而言，r-EnKF 是一种适用于含水层污染源识别的有效算法，但仍需在更接近实际条件的情况下进一步验证。目前，砂箱已被替换为具有非均质分布的玻璃珠结构，未来的挑战是测试该方法在新砂箱中的适用性。

第五章

集合类方法在识别地下水污染源信息和渗透系数中的比较

第一节　研究背景

当污染物释放到地下时，不仅会危害人类健康，还会破坏当地生态系统，尤其是当污染物具有危险性时。如果污染是意外发生的或被故意隐藏，那么仅通过下游的浓度观测数据追溯污染源可能会非常困难。然而，了解污染源信息对于地下水污染管理、污染控制、污染风险评估和修复至关重要。在过去几十年里，如何在检测到污染后识别污染源成为了一个备受关注的问题。这是一个复杂的问题，通常通过反演建模来解决。根据其特点，用于污染源识别的反演建模方法可分为三类：优化方法、概率方法和确定性方法[67,95-97]。

在优化方法中，目标是最小化一个目标函数，该函数衡量模拟浓度与观测浓度之间的差异，并通过污染源定义参数表达。一些常用方法包括最小二乘回归和线性规划[4]、最大化相关系数[73]、约束鲁棒最小二乘(CRLS)法[67]、结合分支定界全局优化的 CRLS 估计[68]、进化搜索算法[69]以及混合模拟优化方法[72]。在概率方法中，目标通常是最大化给定观测数据下源参数的后验概率。常用方法包括最小相对熵法[12,15,104]、地统计学方法[57,59,108]、马尔可夫链蒙特卡罗法[109]和贝叶斯方法[18,105,110]。在确定性方法中，主要目标是逆向求解对流-弥散方程。一些常用方法包括向后传播的行进-朱瑞反向梁方程法(Marching-Jury Backward Beam Equation)[111,112]、Tikhonov 正则化[11,113]以及结合最小相对熵的准可逆性方法[112-114]。

除上述方法外，Xu 和 Gómez-Hernández[31]在 2016 年提出使用重启集合卡尔曼滤波(r-EnKF，一种概率方法)，其通过同化浓度观测数据来识别污染源。r-EnKF 在标准反演问题中的表现较好[30,61,62]，将其用于污染源识别后也能够取得不错的结果。后来，Xu 和 Gómez-Hernández[32]在 2018 年将其工作扩展到同时识别污染源信息和合成含水层中的渗透系数场，并在砂箱实验中进行了验证[115]。这些研究表明，r-EnKF 在污染源识别中能力强大。

集合平滑(ES)也是一种概率方法，最早由 Van Leeuwen 和 Evensen[116]在 1996 年提出，它是一种可以减轻 EnKF 计算负担的替代方法。ES 在一次性同化所有时间步的数据时避免了每个时间步的重启，因此比 EnKF 更快且更易于实现[117]。然而，在状态方程非线性时，ES 的表现并不理想[118,119]，主要原因是其缺乏 EnKF 所固有的多次更新步骤(ES 仅进行一次更新)。

Evensen[120]在2018年的研究中详细地解释了为何EnKF在处理非线性问题上优于ES。在此处只做简要说明：在EnKF和ES中，更新步骤都以协方差的形式表述，而协方差只能捕捉线性关系。EnKF通过递归地同化时间步长的观测信息逐步更新参数，随着每一步更新，结果逐渐接近参考解。而ES通过所有时间步长的数据进行一次更新。换句话说，EnKF相当于沿着局部线性近似逐步进行非线性优化，而ES则相当于基于单一线性近似进行一次大的更新。

因此，EnKF相当于基于局部线性近似的非线性优化，ES则是线性最小化，这对于高度非线性的状态方程可能远非最优，除非在ES中引入迭代。这正是Emerick和Reynolds[117]在其多次数据同化的集合平滑器(ES-MDA)中提出的想法。ES-MDA的基本思路是多次同化所有时间步长的数据，在每次迭代后逐步更新参数。ES-MDA在油藏历史拟合领域中有多次成功应用[117,121-125]。在这些研究中，油藏的状态方程是非线性的，ES-MDA在合成和实际油藏问题上的表现均优于EnKF。近年，水文地质领域也报告了一些应用[126,127]，通过同化水头来表征渗透系数场。

本章的研究首次尝试将ES-MDA用于合成含水层中异质渗透系数场和污染源信息的联合识别。作为基准，本章将对比ES-MDA和r-EnKF的准确性。需要注意的是，本章的主要目的是评估ES-MDA的能力，并将其与r-EnKF在渗透系数场和污染源信息联合识别中的性能进行对比。

本章的脉络如下：首先，介绍了r-EnKF和ES-MDA算法。其次，分别采用r-EnKF和ES-MDA在合成含水层上进行测试和比较。最后，讨论相关结果。

第二节　研究方法

一、重启集合卡尔曼滤波

EnKF是在Kalman[128]于1960年提出的卡尔曼滤波的基础上开发的，用于更好地处理非线性状态转移方程。EnKF和卡尔曼滤波的主要区别在于协方差矩阵的计算方式。在原始滤波器中，协方差是通过线性状态转移函数(或者在函数为非线性时使用其线性近似)随时间传播的；而在EnKF中，协方差是通过在一组模拟集合上解状态转移方程后得到的状态计算的[24,25,30,101,129]。

EnKF 与卡尔曼滤波一样由预测和分析两步组成，第一步是从上一时间步的状态变量和模型参数的最佳估计值出发，预测当前时间步的状态变量。第二步是基于预测值和选定观测点的观测值之间的偏差，更新当前时间步的状态变量和模型参数。然而，正如 Xu 和 Gómez-Hernández[31] 在 2016 年的研究中讨论的，当模型参数用于定义污染源的时空位置时，在预测步骤中无法直接考虑这些更新后的参数，除非从时间零重新开始预测。这种方法修改了标准卡尔曼滤波方程，其在分析步骤中不需要更新变量值；其值将通过从时间零开始、基于新的模型参数估计重新计算。

对于集合的任意给定实现，$\boldsymbol{V}_t^f$ 表示时刻 t 时的预测状态变量，并用 $\boldsymbol{S}_t^a$ 表示分析步骤后的最佳模型参数估计，其预测方程为

$$\boldsymbol{V}_t^f = \psi(\boldsymbol{V}_0, \boldsymbol{S}_{t-1}^a) \tag{5-1}$$

式中：ψ 为状态转移函数；$\boldsymbol{V}_0$ 为 0 时刻的状态变量。

更新步骤会修改前一个时间步骤 $\boldsymbol{S}_{t-1}^a$ 的参数值，作为观测点的预测和观测状态变量之间差异的函数：

$$\boldsymbol{S}_t^a = \boldsymbol{S}_{t-1}^a + \boldsymbol{G}_t^f(\boldsymbol{V}_{o,t} + \boldsymbol{e}_t - \boldsymbol{V}_{o,t}^f) \tag{5-2}$$

$$\boldsymbol{G}_t^f = \boldsymbol{D}_{SV,t}^f(\boldsymbol{D}_{VV,t}^f + \boldsymbol{R}_t)^{-1} \tag{5-3}$$

式中：$\boldsymbol{V}_{o,t} + \boldsymbol{e}_t$ 为观测浓度和压差水头的向量(由真实水头或浓度 $\boldsymbol{V}_{o,t}$ 加上一个均值为零的观测误差集 $\boldsymbol{e}_t$ 组成)；$\boldsymbol{R}_t$ 为观测误差协方差；$\boldsymbol{G}_t^f$ 为卡尔曼增益；$\boldsymbol{D}_{SV,t}^f$ 为观测点参数和预测状态变量之间的交叉协方差；$\boldsymbol{D}_{VV,t}^f$ 为观测点状态变量之间的自协方差。

在集合中有 N_r 个实现，每个实现被离散为 N_e 元素，状态变量向量 $\boldsymbol{V}$ 包含所有含水层模型单元的水头 H 和浓度 C：

$$\boldsymbol{V} = \begin{bmatrix} H \\ C \end{bmatrix} \tag{5-4}$$

式中：向量包括 N_r 个 $2N_e$ 变量的实现。

模型参数向量 $\boldsymbol{S}$ 包括所有含水层模型单元的对数渗透系数 $\ln K$ 和污染源参数(污染源位置、横坐标 X、纵坐标 Y、初始释放时间 T、释放持续时间 ΔT、质量负荷率 M)：

$$\boldsymbol{S}=\begin{bmatrix}\ln K\\X\\Y\\T\\\Delta T\\M\end{bmatrix} \tag{5-5}$$

式中：向量包括 N_r 个实现，每个实现由 (N_e+5) 个变量组成。

如果定义 $\boldsymbol{d}_t=\boldsymbol{V}_{o,t}+\boldsymbol{e}_t-\boldsymbol{V}_{o,t}^f$ 和 $\boldsymbol{P}_{VV,t}^f=(\boldsymbol{D}_{VV,t}^f+\boldsymbol{R}_t)^{-1}$，协方差分为自协方差和交叉协方差，在每个实现内独立应用，式(5-2)可写为

$$\boldsymbol{S}_t^a=\begin{pmatrix}\ln K\\X\\Y\\T\\\Delta T\\M\end{pmatrix}+\begin{pmatrix}D_{(\ln K)C,t}^f & D_{(\ln K)H,t}^f\\D_{XC,t}^f & D_{XH,t}^f\\D_{YC,t}^f & D_{YH,t}^f\\D_{TC,t}^f & D_{TH,t}^f\\D_{(\Delta T)C,t}^f & D_{(\Delta T)H,t}^f\\D_{MC,t}^f & D_{MH,t}^f\end{pmatrix}\begin{pmatrix}P_{CC,t}^f & P_{CC,t}^f\\P_{HC,t}^f & P_{HC,t}^f\end{pmatrix}\begin{pmatrix}d_{C,t}\\d_{H,t}\end{pmatrix} \tag{5-6}$$

二、集合平滑数据同化

集合平滑器(ES)在概念上与 r-EnKF 相同，但仅限于一次预测步骤(覆盖所有具有观测数据的时间步)和一次更新步骤(基于所有时间步的观测值与预测值之间的差异)。从方程上讲，描述 ES 的方程与 r-EnKF 的方程有一些不同，预测步骤方程为

$$\boldsymbol{V}^f=\psi(\boldsymbol{V}_0,\boldsymbol{S}_0) \tag{5-7}$$

式中：$\boldsymbol{V}^f$ 为包括初始状态变量 $\boldsymbol{V}_0$ 和初始参数集合 $\boldsymbol{S}_0$ 的所有时间步的状态预测值。更新步骤方程为

$$\boldsymbol{S}^a=\boldsymbol{S}_0+\boldsymbol{G}^f(\boldsymbol{V}_0+\boldsymbol{e}-\boldsymbol{V}_0^f) \tag{5-8}$$

$$\boldsymbol{G}^f=\boldsymbol{D}_{SV}^f(\boldsymbol{D}_{VV}^f+\boldsymbol{R})^{-1} \tag{5-9}$$

式中：$\boldsymbol{V}_0+\boldsymbol{e}$ 为观测点的所有观测值；$\boldsymbol{e}$ 为观测误差；$\boldsymbol{V}_0^f$ 为观测点的预测值；$\boldsymbol{D}_{SV}^f$ 和 $\boldsymbol{D}_{VV}^f$ 为在所有时间步的计算值，其中协方差矩阵包括所有时间步的协方差，这是 ES 与 r-EnKF 不同的地方，也可能是 ES 优于 r-EnKF 的原因。从计算的角度来讲，如果有 N_0 个采样 N_t 次的观测位置，在 r-EnKF 中矩阵

的大小与 N_0 成正比，而在 ES 中，它们与 $N_0 \cdot N_t$ 成正比。因此，在 r-EnKF 中 $\boldsymbol{D}_{SV,t}^f$ 的大小为 $(N_e+5)\times 2N_0$，$\boldsymbol{R}_t$ 和 $\boldsymbol{D}_{VV,t}^f$ 的大小为 $2N_0\times 2N_0$，在 ES 中 $\boldsymbol{D}_{SV}^f$ 的大小为 $(N_e+5)\times(2N_0\cdot N_t)$，$\boldsymbol{D}_{VV}^f$ 和 $\boldsymbol{R}$ 的大小为 $(2N_0\cdot N_t)\times(2N_0\cdot N_t)$。

如前所述，ES 在处理非线性问题时的性能并不好，Emerick 和 Reynolds[130] 在 2013 年的研究中通过迭代来改善 ES 求解非线性状态传递方程的性能，即 ES 的每次迭代类似于在高斯-牛顿迭代的基础上进行多次数据同化[131,132]。基本上，式(5-7)和式(5-10)会通过使用最新更新后的参数作为下一次迭代的初始参数以进行迭代运算。但由于所有数据都要被多次同化，因此需要放大每个同化步骤的观测误差，并将误差系数(a_i，$i=1,\cdots,N_a$)应用于更新方程，其中 N_a 为同化迭代次数，且 $\sum_{i=1}^{N_a}\frac{1}{a_i}=1$。

下面介绍 ES-MDA 的相关方程，其中预测步骤的方程为

$$\boldsymbol{V}_i^f=\psi(\boldsymbol{V}_0,\boldsymbol{S}_{i-1}^a) \tag{5-10}$$

式中：i 为当前迭代次数。主要通过上一次迭代更新的参数预测当前迭代，更新方程为

$$\boldsymbol{S}_i^a=\boldsymbol{S}_{i-1}^a+\boldsymbol{G}_i^f(\boldsymbol{V}_{o,i}+\sqrt{a_i}\boldsymbol{e}_i-\boldsymbol{V}_{o,i}^f) \tag{5-11}$$

$$\boldsymbol{G}_i^f=\boldsymbol{D}_{SV,i}^f(\boldsymbol{D}_{VV,i}^f+a_i\boldsymbol{R}_i)^{-1} \tag{5-12}$$

式(5-11)和式(5-12)中，观测方差通过因子 a_i 进行放大，观测误差通过 $\sqrt{a_i}$ 进行放大。

定义 $\boldsymbol{d}_i=\boldsymbol{V}_{o,i}+\sqrt{a_i}\boldsymbol{e}_i-\boldsymbol{V}_{o,i}^f$ 和 $\boldsymbol{P}_{VV,i}^f=(\boldsymbol{D}_{VV,i}^f+a_i\boldsymbol{R}_i)^{-1}$，每个参数的协方差分解为自协方差和交叉协方差，则更新方程式(5-8)可写为

$$\boldsymbol{S}_i^a=\begin{pmatrix}\ln K\\X\\Y\\T\\\Delta T\\M\end{pmatrix}+\begin{pmatrix}D_{(\ln K)C,i}^f & D_{(\ln K)H,i}^f\\D_{XC,i}^f & D_{XH,i}^f\\D_{YC,i}^f & D_{YH,i}^f\\D_{TC,i}^f & D_{TH,i}^f\\D_{(\Delta T)C,i}^f & D_{(\Delta T)H,i}^f\\D_{MC,i}^f & D_{MH,i}^f\end{pmatrix}\begin{pmatrix}P_{CC,i}^f & P_{CC,i}^f\\P_{HC,i}^f & P_{HC,i}^f\end{pmatrix}\begin{pmatrix}d_{C,i}\\d_{H,i}\end{pmatrix} \tag{5-13}$$

需要注意的是，在 r-EnKF 中当 $N_r<2N_0$ 时，或在 ES-MDA 中当 $N_r<$

$2N_0 \cdot N_t$ 时，矩阵秩的问题会阻碍反演，详细细节可以参考 Evensen[24]、Emerick 和 Reynolds[130] 的相关研究。

第三节　应用

在 1 000 [L]×1 000 [L]×50 [L]的棱柱上设计构建一个合成承压含水层，并将棱柱离散为 50×50×1 个单元，其中每个单元为 20 [L]×20 [L]×50 [L]（注意：本章没有使用具体的单位，仅提供了量纲分析，使用任何一组一致的单位都可以得出相同的结果）。参考的对数渗透系数场是基于 Gómez-Hernández 和 Journel[92] 在 1993 年设计的一个序贯高斯模拟程序 GCOSIM3D，以及表 5-1 中的参数生成的多元高斯随机函数生成的。生成的参考对数渗透系数场如图 5-1 所示。

表 5-1　用于生成 lnK 实现的随机函数的参数

函数	均值	标准差	变异函数 *	λ_{max}	λ_{min}	角度 *
ln*K*	−1	1	球状	300	200	135

注：* 表示具有各向异性空间相关的球面变异函数由 λ_{max} 和 λ_{min} 定义，它们分别是连续的最大和最小方向上的范围，角度对应最大连续性方向，从北向顺时针方向测量。

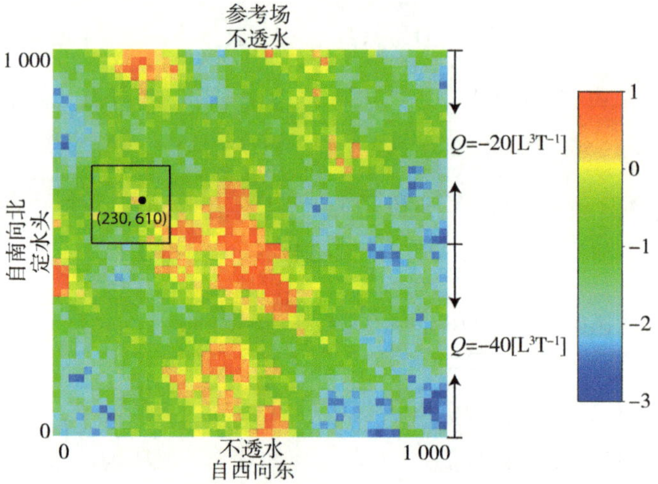

黑点为污染源位置，黑色四边形为可疑污染源区域。

图 5-1　参考场和边界条件

如图 5-1 所示，模型的南北边界为不透水边界，西边界为 50 [L]的定水头边界，东边界为两个等长度的定流量边界，其中北段的流量抽取速率为 20 [L^3T^{-1}]，南段的流量抽取速率为 40 [L^3T^{-1}]。图 5-2 为 25 口观测井（红色三角形位置）和 2 口验证井（蓝色菱形位置）的分布情况。整个区域的初始浓度为 0 [ML^{-3}]，除西边界外，其他地方的初始水头均为 58 [L]，其他地下水流动和污染物运移参数被假定为已知且均质：孔隙率为 0.3，纵向弥散率为 2 [L]，横向纵向弥散比率为 0.1。

本章的研究假定污染物为惰性，仅考虑对流和弥散作为运移机制，且地下水流动及污染物运移均处于非稳态条件下。地下水流动采用 MODFLOW[64] 模拟，污染物运移采用 MT3DMS[63,65] 模拟。总模拟时长为 10 000 [T]，按照比例为 1.01 的几何级数离散为 100 个递增的时间步（其中第一个时间步为 58.66 [T]）。为进行参数识别，先同化前 60 个时间步（约 4 790 [T]）的水头观测值和浓度观测值，总观测次数为 2×25×60 次。

污染物在位置（X，Y）＝（230，610）[L] 处释放，质量负荷率为 1 000 [ML^{-3}]，初始释放时间为 613 [T]，终止释放时间为 2 867 [T]，共持续释放了 2 254 [T]。图 5-3 为第 10（开始注入污染物）、40（结束注入污染物）、60（同化结束）个时间步时参考场的水头和溶质浓度。该图还展示了水头和浓度被采样的位置，用于后续不同场景中的同化分析。

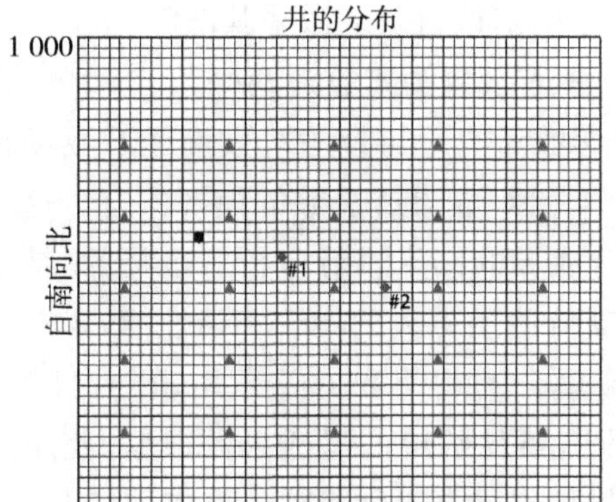

红色三角形为观测井，蓝色菱形为验证井，黑点为污染源位置。

图 5-2　布井位置分布图

本章的研究将评估 7 种场景。第一种场景是用于评估 ES-MDA 效率的基准场景，即已被证明能够识别污染源参数和表征渗透系数的 r-EnKF，称为 S0。第二种场景是原始实现的 ES，即没有迭代的版本，记为 S1。为了评估迭代次数的影响，ES-MDA 在五个场景下运行，不同之处在于每个场景的迭代（或数据同

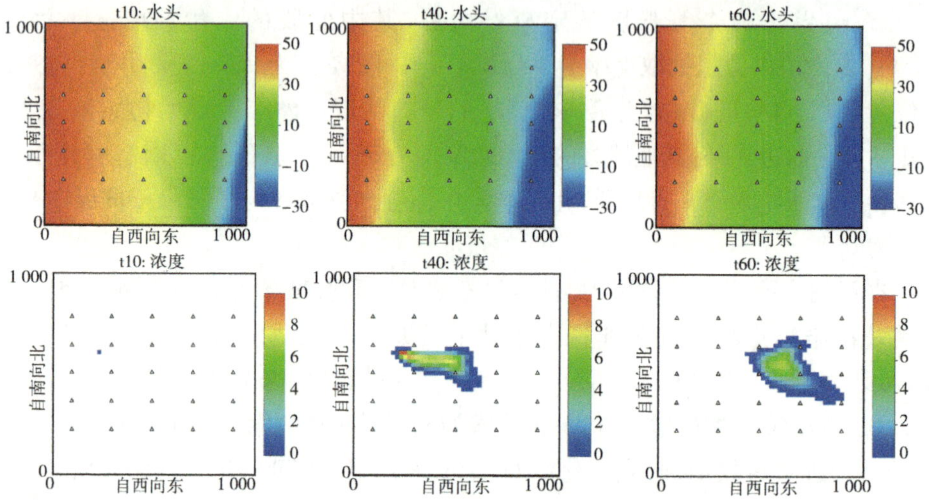

白色三角形为观测井。

图 5-3　参考含水层中第 10(溶质注入开始)、第 40(溶质注入结束)和第 60(同化结束)个时间步的水头和溶质浓度分布

化)次数不同,这些场景分别标记为 S2 至 S6,对应 2 次、4 次、6 次、8 次和 10 次迭代。值得注意的是,所有场景中观测误差膨胀系数 a_i 均等于迭代次数,这符合 Emerick 和 Reynolds[130] 的建议,其研究表明使用递减膨胀系数与使用与迭代次数相等的膨胀系数相比,改进效果微乎其微。

如前所示,将对数渗透系数场离散为 50 × 50 × 1 个单元,污染源参数为 5 个,共需识别 2 505 个参数。使用与参考对数渗透系数场相同的随机函数模型和参数,生成了 400 个初始对数渗透系数的模拟集合。这一集合大小是通过对 200、400 和 800 个集合成员的结果进行分析后选择的,结果表明 400 和 800 成员之间的差异不足以支持使用更大的集合。请注意,未对对数渗透系数进行条件约束,因此初始模拟集合的均值和方差是均质的,且等于其边缘值。如 Xu 等[30] 所讨论的,由于没有条件约束的渗透系数数据,使用与参考案例生成相同随机函数参数的初始模拟仅具有边际优势。事实上,Xu 等证明了 r-EnKF 在使用完全无信息先验随机函数生成初始集合时,其效果与使用“真实”随机函数生成时相似。服从均匀分布的污染源信息的五个参数生成 400 个实现:初始释放时间 $T \in U[550, 750]$,持续释放时间 $\Delta T \in U[2\,100, 2\,300]$,质量负荷率 $M \in U[900, 1\,100]$,污染源位置 $(X, Y) \in (U[100, 300] \times U[500, 700])$。

第四节　结果

表 5-2 为所有场景下的 CPU 消耗。在 r-EnKF(场景 S0)中,基于 25 口井的观测数据从时间 0 开始有 60 个预测步和用于更新 60 次参数的 60 个同化步。而 ES-MDA 在整个模拟周期内运行次数与同化步的次数相等,一个同化步中观测 1 500 次(25 个观测井乘以 60 个时间步)。在当前模型的设置情况下,ES-MDA 在 4 次同化内的速度比 r-EnKF 快,当迭代次数增加到 10 次时,ES-MDA 耗时是 r-EnKF 的 2.59 倍。

表 5-2　定义场景和 CPU 的时间消耗

方法	场景	CPU	CPU(与 S0 相比)
r-EnKF	S0	16 366 s	1
ES	S1	4 981 s	0.30
ES-MDA(2)	S2	9 526 s	0.58
ES-MDA(4)	S3	17 937 s	1.10
ES-MDA(6)	S4	27 432 s	1.68
ES-MDA(8)	S5	34 936 s	2.13
ES-MDA(10)	S6	42 422 s	2.59

注:括号中的数字指 ES-MDA 中使用的数据同化步骤的数量(ES 相当于 ES-MDA(1))。

r-EnKF、ES 和 ES-MDA 将被用于同化 25 个观测井的水头和浓度数据。这种同化将生成更新参数的集合(包括渗透系数的空间分布和污染源参数),这些参数集合随后用于模拟同化期结束(第 60 个时间步)后 40 个时间步的水头和浓度分布。不同场景的性能通过将最终的参数集合与参考含水层的相应参数进行对比来评估。

图 5-4 给出了 S0 至 S3 以及 S6 场景下更新的对数渗透系数的集合均值和集合方差(S4 和 S5 对应的图见附录图 A.1)。集合均值解释了更新的集合如何捕捉到参考点的主要变化模式,集合方差解释了更新对数渗透系数的局部不确定性。从定性角度来看,r-EnKF 很好地捕捉了参考模式,其局部不确定性很小

（集合方差接近零）；ES 能够提取与参考场总体相似的模式，但仍存在显著差距且局部不确定性较大；ES-MDA 随着同化次数的增加效果逐步提升，其中数据同化 10 次的场景 S6 结果最佳。

为了量化上述分析，需计算平均绝对偏差（AAB）和集合离差（ESp），其中 AAB 用于计算更新值与参考值之间的绝对偏差，ESp 用于通过计算集合方差的平方根来衡量更新集合的精度。二者计算公式如下：

$$AAB = \frac{1}{N_e}\sum_{i=1}^{N_e}\frac{1}{N_r}\sum_{i=1}^{N_r}\left|\ln K_{i,j} - \ln K_{i,ref}\right| \tag{5-14}$$

$$ESp = \sqrt{\frac{1}{N}\sum_{i=1}^{N_e}\sigma_i^2} \tag{5-15}$$

式中：N_e 为模型元素个数；N_r 为实现次数；$\ln K_{i,ref}$ 为节点 i 的参考对数渗透系数；$\ln K_{i,j}$ 为实现 j 在节点 i 的对数渗透系数；σ_i 为节点 i 的对数渗透系数集合方差。

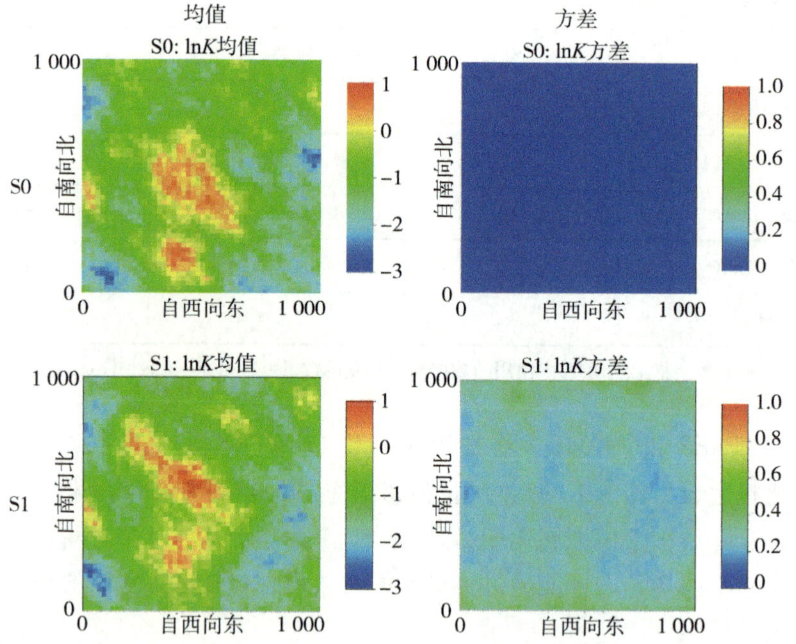

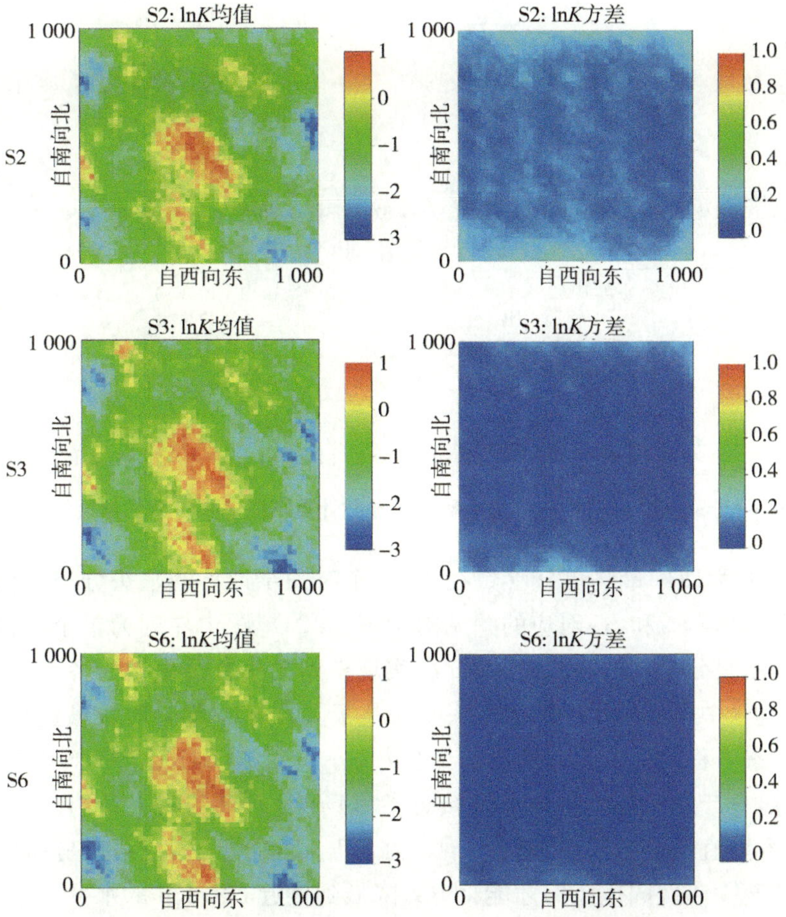

图 5-4　S0～S3 和 S6 场景下对数渗透系数场的集合均值和方差

图 5-5 为根据同化数据前和同化数据 60 个时间步后所有场景的 $\ln K$ 和污染源参数的 AAB 和 ESp。正如预期，初始集合的 AAB 和 ESp 值最大。对于 r-EnKF，除 ΔT 和 M 外的参数均显著降低。随着同化次数的增加，平滑器(ES-MDA)的 AAB 和 ESp 逐渐减小，场景 S6（迭代 10 次）表现最佳。具体而言，场景 S3～S6 中更新后的 $\ln K$、Y 的 AAB、ESp 与场景 S0 相近。而场景 S6 中更新后的 T 的 AAB、ESp 也接近场景 S0；对于参数 X、ΔT、M，场景 S3～S6 中的 AAB、ESp 均小于场景 S0。根据这些结果可得出结论：ES-MDA 在同化 4 次之后开始优于 r-EnKF。

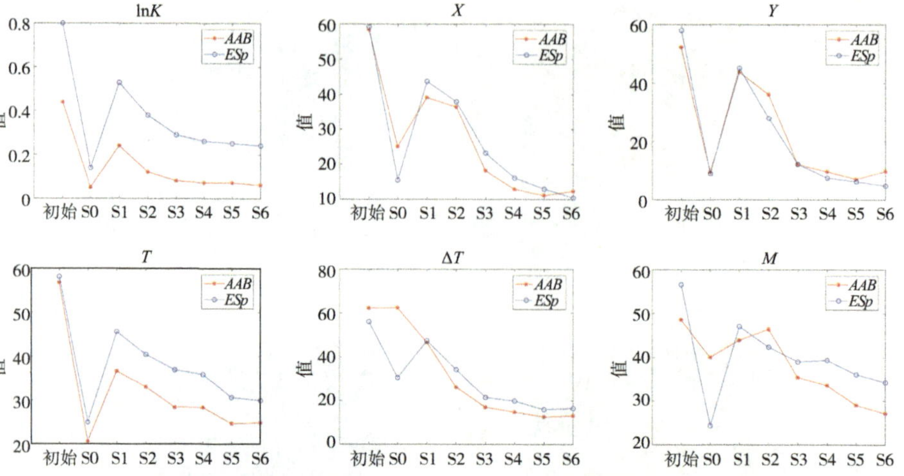

图 5-5　在 60 个时间步后根据初始参数和更新参数计算不同场景下不同参数的 *AAB* 和 *ESp*

图 5-6 为使用最终更新参数在第 60 个时间步计算的水头分布，涵盖场景 S0 至 S3 和 S6(S4 和 S5 对应的图见附录图 A.2)。图中左列为单个集合(实现 ＃300)的水头分布，中间列是以 400 次实现得到的集合均值作为各节点上水头的局部均值(中间列的集合均值水头不是基于图 5-4 中集合对数渗透系数均值解出的状态方程结果)，右列为局部集合方差。分析表明，r-EnKF(S0)具有较强的鲁棒性，它产生的整体均值非常接近参考场(图 5-3 的右上角)且方差较小。ES 的集合均值与参考场比较时表现良好，但不确定性较大，尤其是场景 S1 和 S2。需要至少 4 次同化(S3)才能将方差降低到接近 r-EnKF 的水平。

图 5-7 为利用 60 个时间步观测更新的参数计算出的污染物浓度羽流(S4 和 S5 对应的图见附录图 A.3)。左列为单个集合成员(实现＃300)的羽流；中列为 400 个集合成员的浓度羽流集合均值；右列为局部浓度方差。需要注意，与水头分布类似，中列的浓度集合均值不是基于图 5-4 中集合对数渗透系数均值解出的状态方程结果。分析表明，与水头分布的结论一致，r-EnKF 表现稳定，产生的集合均值羽流与参考场(图 5-3 右下角)非常接近，且不确定性较低。ES-MDA 仅在迭代次数较多时(S3 和 S6)表现良好；对于 1 次和 2 次迭代(S1 和 S2)，集合均值羽流扩散较大，局部方差高，单个选择的集合成员羽流(左列)可能与参考场相差较远。

图 5-8 为使用污染源参数和对数渗透系数的初始集合计算的两个验证井(＃1 和＃2)的水头和溶质浓度的时间演变。由于尚未同化观测数据，预测值的分散性较大。图 5-9 和图 5-10 分别为前 60 个时间步的观测数据同化后，用更新的源参数和对数渗透系数场计算的水头和溶质浓度的时间演变(S4 和 S5 对应

的图见附录图 A.4 和图 A.5)。同化后曲线分散性显著降低,尤其是场景 S0、S3 和 S6。尽管这两个井未用于同化数据,r-EnKF(S0)和迭代 4 次及 10 次的 ES-MDA(S3 和 S6)在同化期结束后仍表现出良好的预测精度,且前者略优于后者。

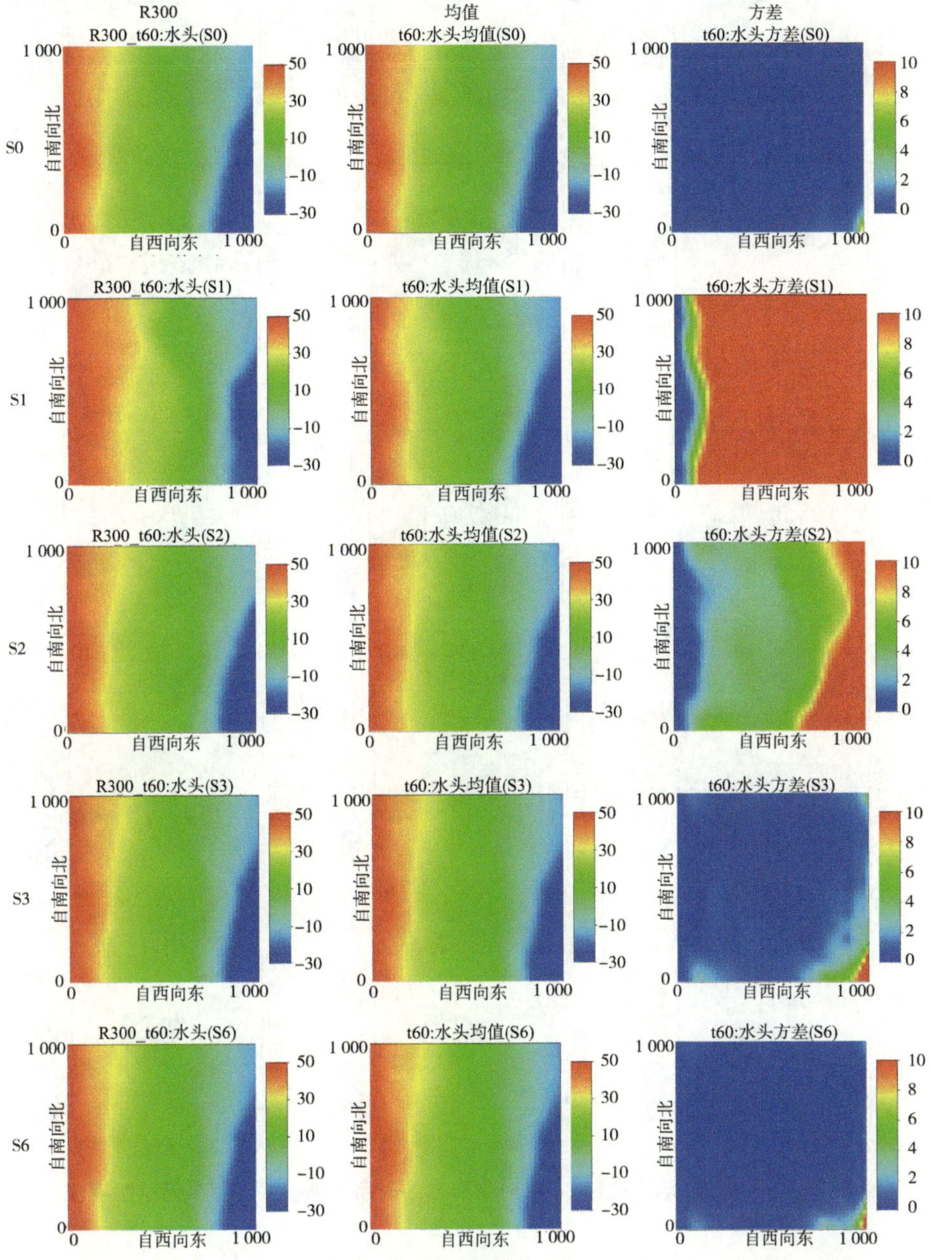

图 5-6　S0～S3、S6 场景在第 60 个时间步结束时用更新参数计算的水头数据

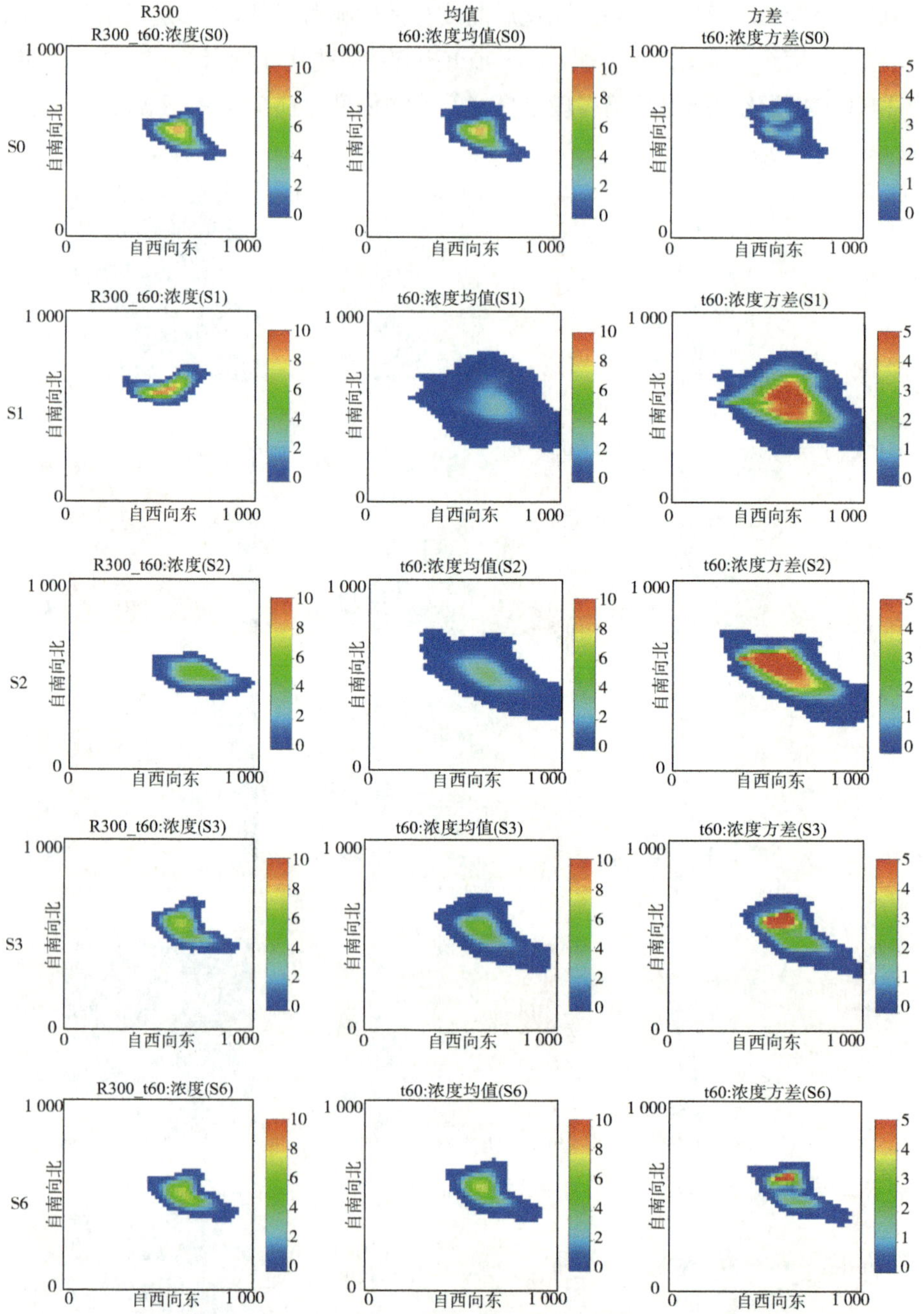

图 5-7　S0～S3、S6 场景在第 60 个时间步结束时用更新参数计算的污染物羽流

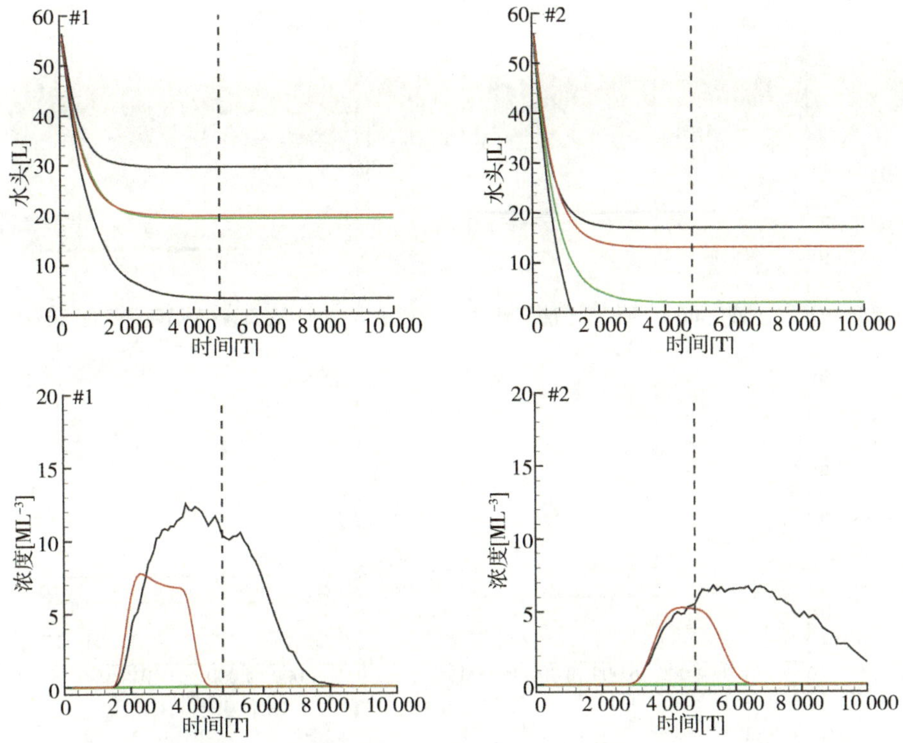

红线为不同验证井对应参数的时间演变，黑线为所有实现的 5%和 95%，绿线为中位数，垂直虚线标志同化期的结束。

图 5-8　根据源信息参数和 lnK 的初始集合计算#1 和#2 验证井的水头和溶质浓度的时间演变

综上所述，在对数渗透系数场的表征和状态变量的重现方面，r-EnKF 优于迭代 4 次的 ES-MDA。场景 S0(r-EnKF)的 $AAB(\ln K)$和 $ESp(\ln K)$最小，且水头和浓度的预测结果最佳。只有迭代 10 次的 ES-MDA(S6)可以获得与 r-EnKF 相当的结果，但其 CPU 成本是 r-EnKF 的 2.59 倍。然而，在污染源参数的重现方面，图 5-5 和图 5-11 的结果表明 ES-MDA 优于 r-EnKF。具体观察如下：r-EnKF(S0)对参数 X、Y 和 T 的估计较好，且不确定性显著减少，但对参数 ΔT 和 M 的估计存在偏差且不确定性减少不多；ES(S1)效果不佳，集合分散性与同化前几乎相同；ES-MDA 在 4 次迭代后开始表现良好，10 次迭代时表现最佳，尤其是在参数 X、ΔT 和 M 的估计上优于 r-EnKF。

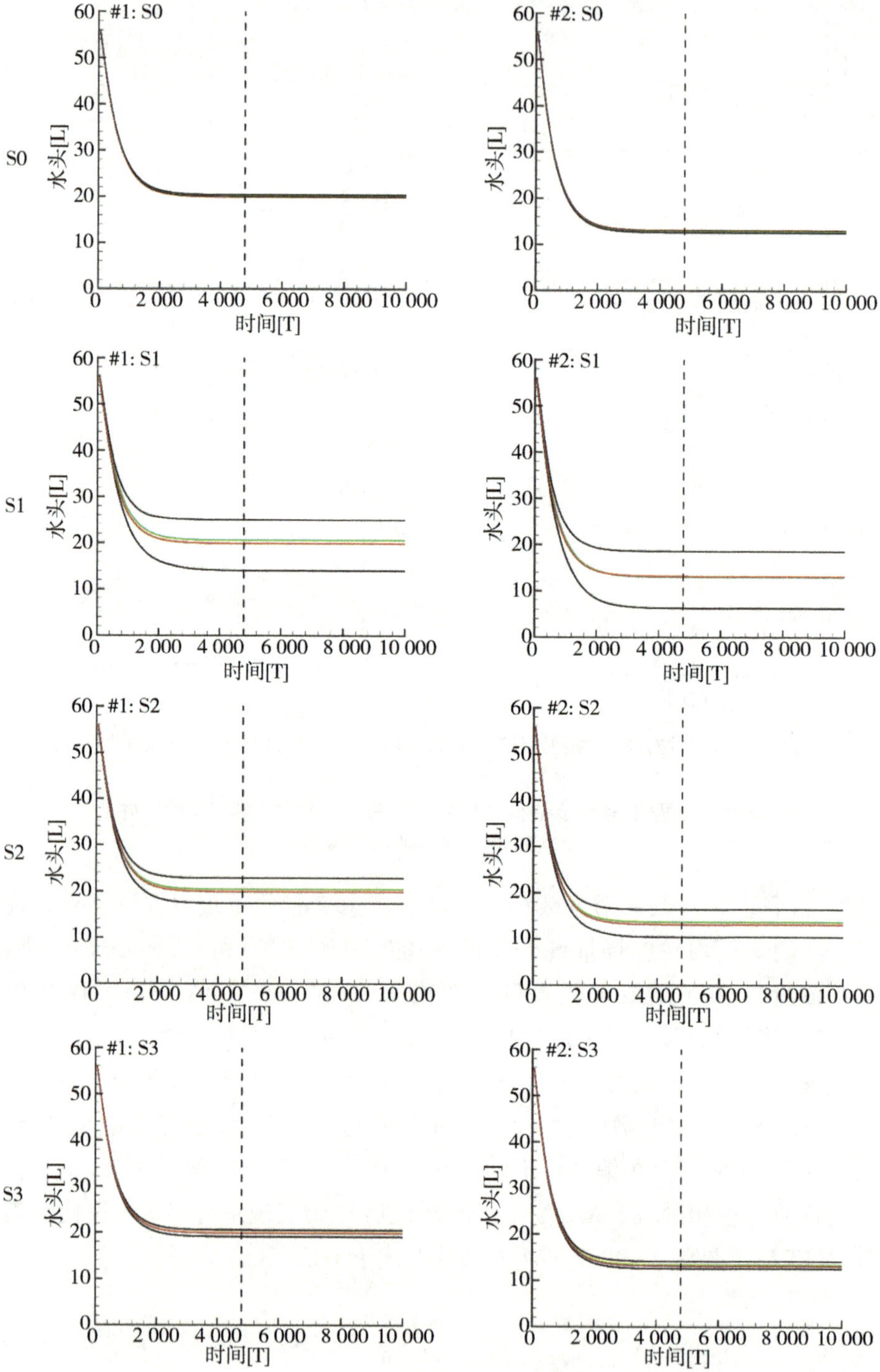
S0
S1
S2
S3
#1: S0
#2: S0
#1: S1
#2: S1
#1: S2
#2: S2
#1: S3
#2: S3
水头[L]
时间[T]
0
10
20
30
40
50
60
2 000
4 000
6 000
8 000
10 000

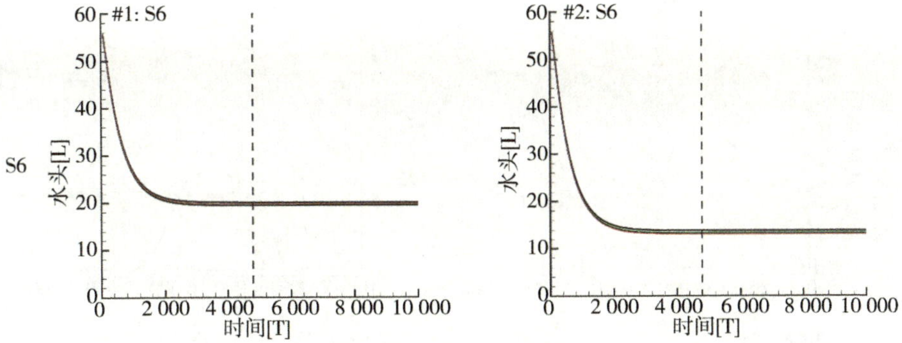

红线为不同验证井水头的时间演变，黑线为所有实现的 5%和 95%，绿线为中位数，垂直虚线标志同化期的结束。

图 5-9　S0～S3、S6 场景在 60 个时间步观测数据同化后用更新的源信息参数和 ln*K* 集合计算的＃1 和＃2 验证井水头的时间演变

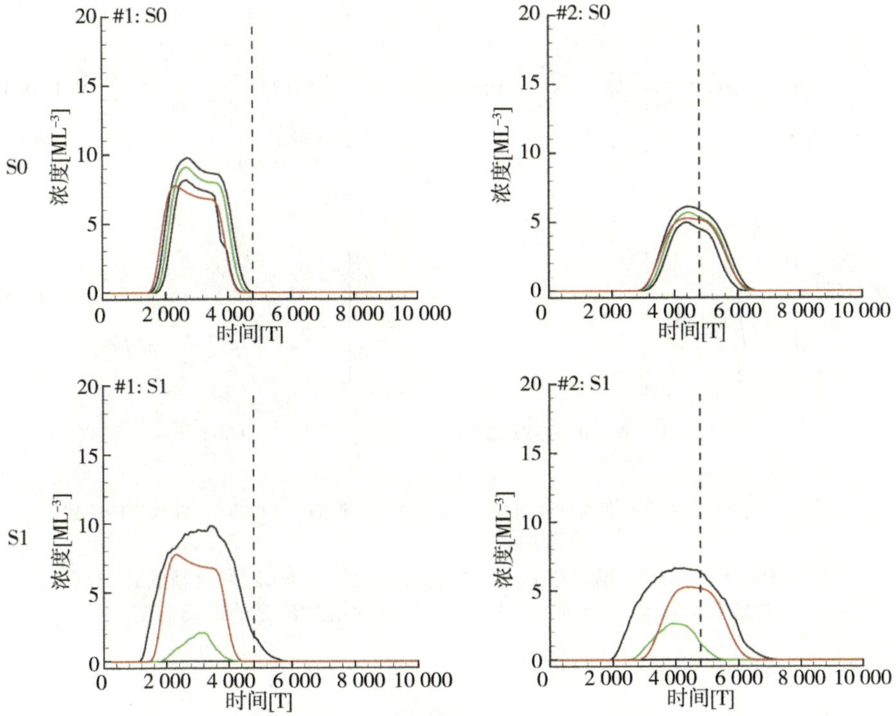

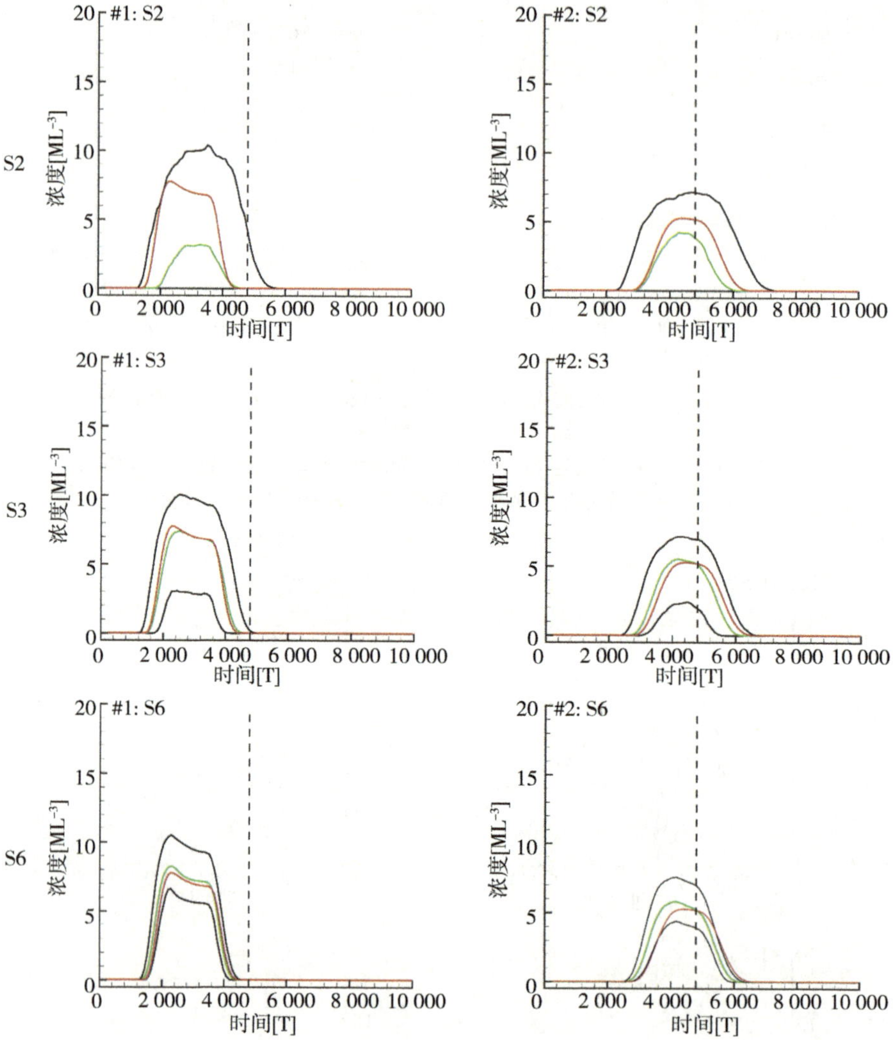

红线为不同验证井溶质浓度的时间演变，黑线为所有实现的5%和95%，绿线为中位数，垂直虚线标志同化期的结束。

图 5-10　S0～S3、S6 场景在 60 个时间步观测数据同化后用更新的源信息参数和 ln*K* 集合计算的♯1 和♯2 验证井溶质浓度的时间演变

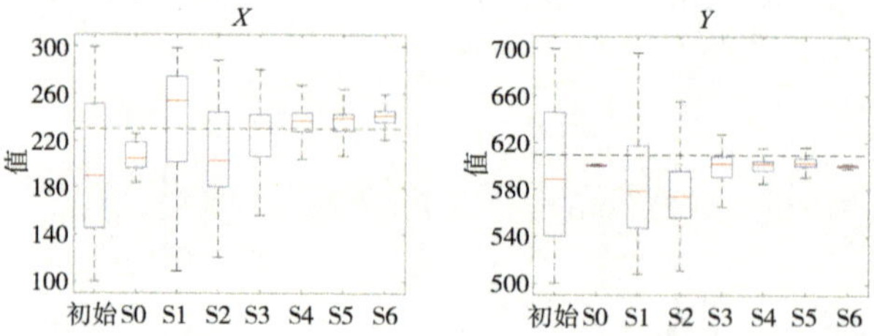

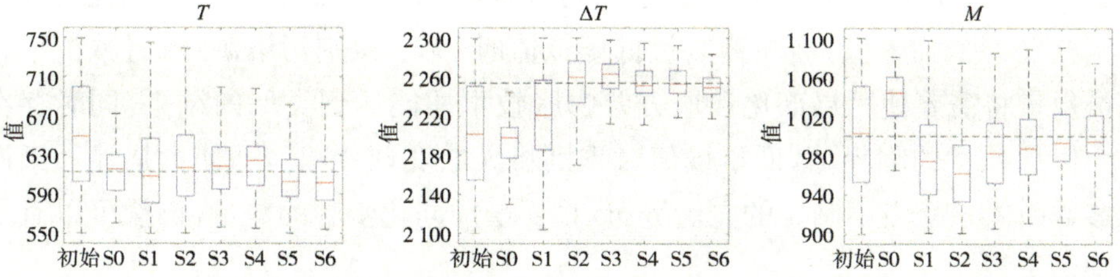

图 5-11 S0～S6 场景采用初始参数和 60 个时间步后更新的参数计算的对应参数的箱线图

对参数 ΔT 和 M 的估计困难主要在于这两个参数的多种组合可能产生非常相似的观测数据集，增加了在减少不确定性的情况下准确识别这些参数的难度。解决此问题的唯一方法是收集更多观测数据。10 次迭代的 ES-MDA 在这些参数上优于 r-EnKF 的原因在于：r-EnKF 仅逐步利用一次观测数据，而 ES-MDA 则使用所有观测数据进行了 10 次同化。

第五节 总结与讨论

本章的目的是分析 ES-MDA 识别污染源参数以及非均质渗透系数场的能力，并与 r-EnKF 进行比较。研究结果表明，ES-MDA 能够通过适当的迭代次数估计渗透场，识别污染源位置、初始释放时间、释放持续时间和质量负荷率等参数，并能较好地预测水头和溶质浓度。

本章首次将 ES-MDA 应用于污染源识别研究。此外，r-EnKF 和 ES-MDA 在所有场景(包括附录 A 中的场景)中的应用效果比较结果表明，ES-MDA 在足够多的迭代次数下，尤其是在污染源参数识别方面，表现优于 r-EnKF。以本研究所做的具体测试为例，ES-MDA 在经过 4 次迭代后开始优于 r-EnKF，二者所需的计算时间几乎相同，而 ES-MDA 可通过多次迭代(并以更高的计算成本)来获得比 r-EnKF 更好的性能。ES-MDA 优于 r-EnKF 的部分原因在于，ES-MDA 使用的观测数据量远大于 r-EnKF，这对于质量负荷率和释放持续时间的准确识别尤为重要。这两个参数在 r-EnKF 中具有较大的不确定性。

然而，本章仅通过单一的合成测试案例和七种场景的分析，无法得出关于 r-EnKF 和 ES-MDA 对比的普遍结论。但本章的目的并非是得出普遍结论，而是测试 ES-MDA 与已经证明效果良好的 r-EnKF 在相同测试条件下的表现。

鉴于我们对 r-EnKF 应用的丰富经验，可以预测，关于观测数量的敏感性研究将表明存在一个临界值，当观测数量低于该值时，无法识别污染源；或者减少集合成员数量将需要使用局部化和协方差膨胀技术才能达到类似的结果，同时存在一个模拟数量的临界值，低于该值时识别将无法实现；或者，即使为描述污染源的参数引入一个更不确定的先验分布，只要增加同化步骤的数量，仍然可以有效识别污染源。

尽管上述敏感性分析值得在未来研究中进一步开展，但还有一个更具挑战性的问题尚未被 r-EnKF 或 ES-MDA 解决，即更复杂的污染事件的分析，例如非点源或多污染源的情况。解决这些问题将需要对污染源进行更细致的参数化设计。

第六章

非高斯渗透系数砂箱中的污染物泄漏识别

第一节　研究背景

重启正态变换集合卡尔曼滤波（rNS-EnKF）已被应用于联合识别合成含水层中的污染源参数和渗透系数，也被用于识别砂箱实验中的污染源参数。在这两种情况下，rNS-EnKF 的表现都很好[32,115]。然而，合成案例往往与现实情况相差较远，比如砂箱实验中渗透系数是已知且均质的，而现实中渗透系数分布十分复杂。基于这些原因，本章设计了一种新的砂箱实验，采用二元异质的渗透系数分布，用于测试 rNS-EnKF 对污染源和空间异质渗透场的联合识别。本章的目的是提高解决含水层污染源与渗透系数空间分布的联合识别问题的能力。

此外，先前应用 rNS-EnKF 的经验[30]表明，该方法可能会遇到过滤坍缩的问题。这一问题可以通过适当选择模拟集合的数量、协方差膨胀、协方差局部化或更新阻尼技术来解决。因此，本章首先分析了一个类似新砂箱实验的合成场，以确定模拟数量以及能在合理计算时间内防止过滤坍缩并实现污染源与渗透系数场有效识别的技术。一旦确定了这些参数，实验砂箱数据将被直接用于分析。

污染源识别的重要性，例如在保护井头捕集区中的作用[133,134]，无需赘述，其已是多年来的研究主题。有关综述可参考文献[67,95-97]，以下是对部分研究（包括上述综述后出现的研究）的简要回顾。

污染源识别方法主要可分为两大类：优化方法和概率方法。在优化方法中，构建目标函数，算法试图通过最小化模拟浓度与观测浓度之间的差异来实现优化，例如最小二乘回归或最大似然法[4,8,54,55,69,71,72]。而概率方法是在随机框架中描述问题，算法通过最大化基于观测值的污染源参数后验概率来识别污染源，常用技术包括最小相对熵法或伴随状态法[12,51,57,76,135]。在文献中可以找到这两类方法的主要问题，且在实践中也很难找到这些技术应用，主要是因为这些研究大多基于合成案例，即假定含水层的渗透系数完全已知。然而，地质属性往往具有很大的异质性，在现实中仅能有限了解，并且对含水层行为有重要影响[78,136-140]。目前只有少数论文讨论了渗透系数和污染源的同时识别，但几乎都限于均质含水层或仅涉及简单的非均质性[42,75,141]。目前仅有 Koch 和 Nowak[76]在 2016 年的研究以及 Xu 和 Gómez - Hernández[32]在 2018 年的研究中解决了非均质渗透系数的识别问题，前者采用贝叶斯方法，后者使用的是 rNS-EnKF。

本章的研究建立在 Chen 等人[115]在 2018 年的研究以及 Xu 和 Gómez - Hernández[31,32]在 2016 年和 2018 年的研究基础上，其中 rNS-EnKF 用于识别定义点污染源参数和含水层渗透系数，也建立在合成案例和实验室实验的基础上，更建立在研究团队解决非高斯渗透问题的经验上[61,142-146]。本研究的目标是推进 rNS-EnKF 在具有渗透系数非均质性的含水层污染源识别中的实际应用。与过往的研究相比，本研究使用的是砂箱实验中收集的数据，而非生成的合成数据，同时砂箱具有二值异质分布（算法未知），而非已知的均值分布。与 Xu 和 Gómez - Hernández[32]在 2018 年的工作相比还有一个重要的区别，即无可用的水头数据，参数识别完全基于浓度观测。由于将缺少用于识别渗透系数非均质性的重要信息源，rNS-EnKF 的应用增加了额外的复杂性。

我们在初步尝试将 rNS-EnKF 直接应用于砂箱数据时，发现了许多与计算时间、过滤坍缩和滤波器发散相关的问题。因此，应首先对一个更可控的模拟非均质砂箱的合成实验进行分析，以决定实现集合的数量和防止过滤坍缩的最佳技术（在合理时间和不确定性范围内）。本研究包含两个案例：（i）合成案例，结合两种实现数量、两种更新阻尼方案和两种协方差膨胀方法进行敏感性分析，从中选择合适的集合实现数量和防止过滤坍缩的技术；（ii）实验室案例，基于合成案例的发现，演示 rNS-EnKF 在实验室砂箱中的表现。

过滤坍缩问题通过协方差膨胀技术解决。文献中讨论了多种协方差膨胀方法[147-153]。本章将测试阻尼法、Wang 的方法和 Bauser 的方法，并且将在相应部分进一步详细讨论这些方法。本研究展示了浓度数据在 rNS-EnKF 砂箱实验中联合识别渗透系数和污染源信息的能力。

本章结构如下：首先回顾方法论并描述砂箱实验及其数值建模；然后依次进行合成数据分析和砂箱数据分析；最后对结果进行讨论并得出结论。

第二节　研究方法

一、地下水流动和溶质运移方程

砂箱中的水流和污染物运移采用相应的地下水流动控制方程[87]和污染物运移控制方程[106]进行建模：

$$S_S \frac{\partial h}{\partial t} = \nabla \cdot (K \nabla h) + w \tag{6-1}$$

$$\frac{\partial(\theta C)}{\partial t} = \nabla \cdot (\theta \boldsymbol{D} \cdot \nabla C) - \nabla \cdot (\theta \boldsymbol{v} C) - q_S C_S \tag{6-2}$$

式中：S_S 为比存储量，$[L^{-1}]$；h 为水头，$[L]$；t 为时间，$[T]$；$\nabla \cdot$ 为散度算子；∇ 为梯度算子；K 为水力传导系数，$[LT^{-1}]$；w 为分布式源或汇，$[T^{-1}]$；θ 为孔隙度；C 为污染物浓度，$[ML^{-3}]$；$\boldsymbol{D}$ 为水动力弥散张量，$[L^2T^{-1}]$；$\boldsymbol{v}$ 为流速矢量，$[LT^{-1}]$，来源于流动方程的解；q_S 为与流体源或汇相关联的含水层单位体积的体积流量，$[T^{-1}]$；C_S 为源或水槽的浓度，$[ML^{-3}]$。

地下水流动方程和污染物运移方程分别采用 MODFLOW[64] 和 MT3DS[106] 进行数值求解。

二、集合卡尔曼滤波

Evensen[80] 于 1994 年提出的集合卡尔曼滤波（EnKF）是卡尔曼滤波（KF）的扩展。EnKF 和 KF 的主要区别在于，KF 通过基于线性转移方程的显式表达式在时间上传播状态协方差矩阵，而 EnKF 的协方差矩阵是通过对集合状态实现的统计分析得出的，这些状态是通过在集合的每个实现中解状态方程获得的。EnKF 相较于 KF 的优势在于其更适用于状态转移方程非线性的系统；在这种情况下，KF 所使用的线性转移方程仅为一种近似，其产生的协方差会随着时间的推移而劣化。相反，在 EnKF 中，由于协方差是直接从实际状态空间分布计算的，其结果更为准确；其唯一的限制是协方差是从有限集合的实现中计算的（如果集合成员数量较少，估计值可能也会不够准确）。

尽管 EnKF 最初是为了在收集观测数据时仅更新系统状态而开发的，但已有研究表明，它也可以用于更新参数，这通过一种包含状态变量和控制这些变量的参数的增广状态（augmented state）来实现[25,28,99,154]。总的来说，EnKF 已被证明是一种对强非线性状态转移方程进行参数识别的高效算法[61,155,156]，并在过去几十年中得到了广泛关注。下面，将针对本章的案例研究对该算法进行描述，即在仅有浓度数据可用的砂箱实验中，同时识别污染源参数和渗透系数。

首先，构建一个包含模型参数和状态变量的增广状态向量 $\boldsymbol{S}$：

$$\boldsymbol{S} = \begin{pmatrix} A \\ B \end{pmatrix} = \begin{pmatrix} (X_s, Z_s, I_c, I_r, T_e)^{\mathrm{T}} \\ (\ln K_1, \ln K_2, \cdots, \ln K_N)^{\mathrm{T}} \\ (C_1, C_2, \cdots, C_N)^{\mathrm{T}} \end{pmatrix} \tag{6-3}$$

式中：A 为模型参数；B 为状态变量；N 为网格单元数；X_s 为水平方向上的污染源坐标；Z_s 为垂直方向上的污染源坐标；I_c 为注入浓度；I_r 为注入速率；T_e 为最终释放时间；$\ln K$ 为对数渗透系数；C 为污染源浓度，同时也是状态变量。其中，X_s 和 Z_s 为描述污染源的参数，即模型参数。增广状态变量从时间 0 的初始值 S_0 开始随时间演变。

其次，利用地下水流动和溶质运移方程，预测基于状态变量 B_{t-1} 的 t 时刻状态向量 $\boldsymbol{S}_t$ 和 $t-1$ 时刻的模型参数 A_{t-1}：

$$\boldsymbol{S}_t^f=\psi(A_{t-1}^a,B_{t-1}^a) \tag{6-4}$$

式中：上标 f 为预测值；a 为同化状态观测值后的更新值；ψ 为状态转移函数。在预测步骤中，参数 A 保持不变，状态转移函数为恒等函数，状态 B 根据地下水流动和溶质运移方程演变。

然后，观察同化状态。根据预测状态与观测状态之间的差异，通过下式更新预测增广状态向量：

$$\boldsymbol{S}_t^a=\boldsymbol{S}_t^f+\boldsymbol{K}_t(\boldsymbol{y}_t^{obs}+\boldsymbol{\varepsilon}_i-\boldsymbol{H}\boldsymbol{S}_t^f) \tag{6-5}$$

式中：$\boldsymbol{y}_t^{obs}$ 为在时间步 t 观测到的浓度；$\boldsymbol{\varepsilon}_i$ 为零均值和协方差 $\boldsymbol{R}_t$ 的观测误差；$\boldsymbol{H}$ 为从增广状态向量中提取进行观测的元素的观测矩阵；$\boldsymbol{K}_t$ 为卡尔曼增益矩阵。

$$\boldsymbol{K}_t=\boldsymbol{P}_t^f\boldsymbol{H}^{\mathrm{T}}(\boldsymbol{H}\boldsymbol{P}_t^f\boldsymbol{H}^{\mathrm{T}}+\boldsymbol{R}_t)^{-1} \tag{6-6}$$

$$\boldsymbol{P}_t^f=\frac{1}{N_e-1}[(\boldsymbol{S}_t^f-\overline{\boldsymbol{S}_t^f})(\boldsymbol{S}_t^f-\overline{\boldsymbol{S}_t^f})^{\mathrm{T}}] \tag{6-7}$$

式中：$\boldsymbol{P}_t^f$ 为由增广预测状态的集合计算得到的实验协方差；$\overline{\boldsymbol{S}_t^f}$ 为实验集合均值。由于观测值是稀疏的，观测矩阵大部分由 0 组成，因此不需要计算 $\boldsymbol{P}_t^f$ 中的所有元素，只需要计算与 $\boldsymbol{P}_t^f\boldsymbol{H}^{\mathrm{T}}$ 中 $\boldsymbol{H}$ 的非零元素相乘的元素。

（一）正态集合卡尔曼滤波(NS-EnKF)

EnKF 在处理非线性转移函数方面非常有效，但当增广状态服从非高斯分布时却效果不佳[100]，因此需要进一步扩展 EnKF 以处理非高斯变量。为解决这一问题，学者们提出了多种方法，包括高斯混合模型、重新参数化、迭代法以及高斯变形(又称正态分数变换)[60,91,149,157,158]。本章采用了正态分数方法，更具体地说，采用了 Zhou 等人[60]在 2011 年或 Li 等人[27]在 2012 年所描述的正态集合卡尔曼滤波，即 NS-EnKF。

NS-EnKF 将所有参数和变量转换为高斯变量，在高斯空间中执行 EnKF 操作，然后将结果反向转换回原始空间。正态分数变换是一种单变量变换，能够确保变换后的变量服从高斯分布，但并不保证高阶矩满足多元高斯分布[159,160]。尽管如此，在处理明显非高斯参数时，NS-EnKF 的结果优于传统 EnKF。

（二）重启正态集合卡尔曼滤波（rNS-EnKF）

EnKF 旨在在每个同化步骤中同时更新参数和状态变量，即利用预测值与观测值之间的差异来更新整个扩展状态，见式(6-5)。然而，在地下水流动和溶质运移问题中，尤其是在污染源识别的场景下，更新后的状态可能与更新后的参数不一致，这可能是因为质量守恒定律不再被遵守，或者更新后的状态与更新后的污染源位置不一致。因此，在预测增广状态到下一次观测时间时，不基于前一时间步更新后的增广状态进行预测，而是更倾向于从时间零开始，以最新的更新参数进行预测[84,119,155]。基于这一特性，这种方法被称为“重启集合卡尔曼滤波器”，或者在本例中被称为“重启正态集合卡尔曼滤波器”（rNS-EnKF）。

式(6-4)的预测函数变为

$$\boldsymbol{S}^f(t)=\psi(A_{t-1}^a, B_0)=\begin{pmatrix} A_{t-1}^a \\ B_t \end{pmatrix} \tag{6-8}$$

式中：B_0 为定义域内的初始污染物浓度。如 Camporese 等人[84]在 2011 年、Crestani 等人[119]在 2013 年已经应用了重启 EnKF。

（三）阻尼

处理过滤坍缩的一种方法[149]是在更新步骤中使用介于 0 和 1 之间的阻尼因子 α：

$$\boldsymbol{S}_t^a=\boldsymbol{S}_t^f+\alpha\boldsymbol{K}_t(\boldsymbol{y}_t^{obs}+\boldsymbol{\varepsilon}_i-\boldsymbol{H}\boldsymbol{S}_t^f) \tag{6-9}$$

（四）协方差膨胀法

另一种减少过滤坍缩的方法是协方差膨胀。在文献中有几种不同的协方差膨胀方法[147,148,152,153]。本研究采用了两种不同的时变乘法协方差膨胀方法，一种是由 Wang 和 Bishop[147]提出的，另一种是由 Bauser 等人[153]提出的。在这两种方法中，增广向量应在预测后膨胀，如下式所示：

$$\boldsymbol{S}_{i,t}^{\mathrm{inf},f}=\sqrt{\lambda_t}\left(\boldsymbol{S}_{i,t}^f-\overline{\boldsymbol{S}_t^f}\right)+\overline{\boldsymbol{S}_t^f} \tag{6-10}$$

式中：$\boldsymbol{S}_{i,t}^{\mathrm{inf},f}$ 为在预测到第 t 个时间步后实现 i 的膨胀增广状态向量；λ_t 为膨胀因子，其计算取决于所采用的方法。

在 Wang 和 Bishop[147]的工作中，由下式计算 λ_t：

$$\lambda_t = \frac{(\boldsymbol{R}_t^{-\frac{1}{2}}\boldsymbol{d}_t)^{\mathrm{T}}\boldsymbol{R}_t^{-\frac{1}{2}}\boldsymbol{d}_t - n_b}{trace\{\boldsymbol{R}_t^{-\frac{1}{2}}\boldsymbol{H}\boldsymbol{P}_t^f(\boldsymbol{R}_t^{-\frac{1}{2}}\boldsymbol{H})^{\mathrm{T}}\}} \tag{6-11}$$

式中：n_b 为观测次数；$\boldsymbol{d}_t$ 为观测点观测数据与预测数据均值之间的残差向量：

$$\boldsymbol{d}_t = \boldsymbol{y}_t^{obs} - \boldsymbol{H}\overline{\boldsymbol{S}_t^f} \tag{6-12}$$

然后，计算更新后的增广状态向量：

$$\boldsymbol{S}_{i,t}^a = \boldsymbol{S}_{i,t}^{inf,f} + \lambda_t \boldsymbol{P}_t^f \boldsymbol{H}^{\mathrm{T}}(\boldsymbol{H}\lambda_t \boldsymbol{P}_t^f \boldsymbol{H}^{\mathrm{T}} + \boldsymbol{R}_t)^{-1}(\boldsymbol{y}_t^{obs} + \boldsymbol{\varepsilon}_i - \boldsymbol{H}\boldsymbol{S}_t^{inf,f}) \tag{6-13}$$

Wang 和 Bishop[147]在 2003 年的研究中已认识到参数 λ_t 会随时间显著变化，特别是在各处浓度都很小的早期阶段。因此，根据他们的建议，将其值限制在 0.7 到 1.2 之间。

在 Bauser 等人[153]2018 年的研究中，λ_t 被视为用于膨胀模型参数的状态变量，使用卡尔曼滤波公式进行预测和更新，如下式所示：

$$\lambda_t^f = \lambda_{t-1}^a \tag{6-14}$$

$$\lambda_t^a = \lambda_t^f + \boldsymbol{K}_{\lambda_t}[d_{\lambda_t} - h_\lambda(\lambda_t^f)] \tag{6-15}$$

式中：上标 f 为预测值；上标 a 为更新值；$\boldsymbol{K}_{\lambda_t}$ 为卡尔曼增益；d_{λ_t} 为 $\boldsymbol{d}_t$ 的绝对值；$h_\lambda(\lambda_t^f)$ 为观测数据与预测均值间的平均残差。这些值通过以下公式获得：

$$\boldsymbol{K}_{\lambda_t} = \boldsymbol{P}_{\lambda_t}^f \boldsymbol{H}_{\lambda_t}^{\mathrm{T}}(\boldsymbol{H}_{\lambda_t}\boldsymbol{P}_{\lambda_t}^f \boldsymbol{H}_{\lambda_t}^{\mathrm{T}} + \boldsymbol{R}_{\lambda_t})^{-1} \tag{6-16}$$

$$[h_{\lambda_t}(\lambda_t^f)]_i = [(\boldsymbol{R}_{\lambda_t})_{ii}]^{\frac{1}{2}} \tag{6-17}$$

膨胀参数的协方差 $\boldsymbol{P}_{\lambda_t}^f$、观测矩阵 $\boldsymbol{H}_{\lambda_t}$ 和膨胀参数观测误差 $\boldsymbol{R}_{\lambda_t}$ 可由增广状态向量 $\boldsymbol{S}$ 的状态协方差矩阵 $\boldsymbol{P}_{\lambda_t}^f$、观测矩阵 $\boldsymbol{H}$ 和观测误差协方差矩阵 $\boldsymbol{R}$ 得到，如下所示：

$$(\boldsymbol{P}_{\lambda_t}^f)_{ij} = \sigma_\lambda^2 \mid (\boldsymbol{P}_t^f)_{ij} \mid [(\boldsymbol{P}_t^f)_{ii}(\boldsymbol{P}_t^f)_{jj}]^{-\frac{1}{2}} \tag{6-18}$$

$$(\boldsymbol{H}_{\lambda_t})_{ij} = \{2[(\lambda_t^f)_j]^{\frac{1}{2}}[h_{\lambda_t}(\lambda_t^f)]_i\}^{-1}\sum\nolimits_m (\boldsymbol{H})_{ij}(\boldsymbol{H})_{im}(\boldsymbol{P}_t^f)_{jm}[(\lambda_t^f)_m]^{\frac{1}{2}} \tag{6-19}$$

$$(\boldsymbol{R}_{\lambda_t})_{ij} = \mid (\boldsymbol{R})_{ij} + (\boldsymbol{H}\boldsymbol{P}_t^{inf,f}\boldsymbol{H}^{\mathrm{T}})_{ij} \mid \tag{6-20}$$

式中：σ_λ 为膨胀因子的不确定性，将其设置为 1，与 Bauser 等人[153]在 2018 年的研究中使用的值相同；$\boldsymbol{P}_t^{\mathrm{inf},f}$ 为膨胀的预测误差协方差矩阵，由下式给出：

$$\boldsymbol{P}_t^{inf,f}=(\sqrt{\lambda_t^f}\sqrt{\lambda_t^f}^{\mathrm{T}})\cdot\boldsymbol{P}_t^f \tag{6-21}$$

图 6-1 为应用 Bauser 膨胀法的工作流程。

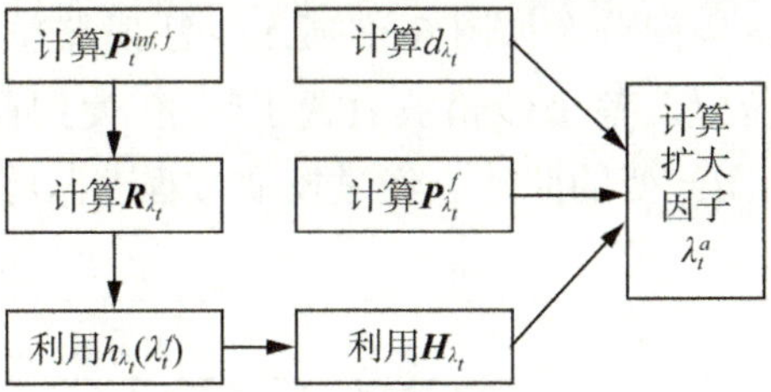

图 6-1　使用 Bauser 方法更新膨胀因子的流程图

最后，计算更新后的增广状态向量：

$$\boldsymbol{S}_{i,t}^a=\boldsymbol{S}_{i,t}^{inf,f}+\boldsymbol{P}_t^{inf,f}\boldsymbol{H}^{\mathrm{T}}(\boldsymbol{H}\boldsymbol{P}_t^{inf,f}\boldsymbol{H}^{\mathrm{T}}+\boldsymbol{R}_t)^{-1}(\boldsymbol{y}_t^{obs}+\boldsymbol{\varepsilon}-\boldsymbol{H}\boldsymbol{S}_t^{inf,f}) \tag{6-22}$$

（五）协方差定位法

协方差局部化[161]是另一种解决集合坍缩问题的技术。在这种情况下，局部化用于消除实验协方差中观察到的虚假相关性，即对实验协方差进行校正，以确保本应没有相关性的点之间的相关性为零。实验协方差，特别是在集合规模较小时计算得到的，可能会显示出不希望的虚假相关性。本章未对协方差局部化进行分析，因为用于消除这些虚假相关性的标准技术有时会显著降低存在相关性的点之间的相关性。在砂箱实验中，属性之间的相关性非常重要，因此我们认为更适合仅专注于协方差膨胀技术，而不是协方差局部化技术。当然，这并不意味着忽视或排除在其他环境下使用局部化来改进 EnKF 性能的可能性。

第三节　砂箱实验

以荧光素钠为示踪剂，在砂箱中进行污染物实验。砂箱的大小为 120 cm×14 cm×70 cm，在上下游边界分别设置两个的储水池，其水位相对于砂箱底部分别恒定在 62.5 cm 和 60.6 cm。在实验中，上游边界位于砂箱右侧，所有图形都以这种方式表示。这两个水池定义了规定的水头边界，砂箱底部边界不透水，顶部边界为潜水面。在上下游的水箱间，填满沙子的区域为 95 cm×10 cm×70 cm，为了方便建模，将其离散为 95 列、1 行、70 层大小相等的 1 cm×10 cm×

1 cm 的单元格。砂箱内填充了两种不同直径的玻璃珠，分别为 1 mm 和 4 mm，其空间分布由截断高斯模拟[162]生成，截断阈值设为第一个四分位数，最终得到大玻璃珠的比例为 25%。

玻璃珠在砂箱中的空间分布如图 6-2 所示。注射器位于第 86 列第 40 层，即图中用红点标识的位置。整个砂箱被放置于暗室，使用蓝光源激发注入的荧光素，并拍摄羽流随时间演变的照片。经过校准过程[107]，将光度值转换为浓度。

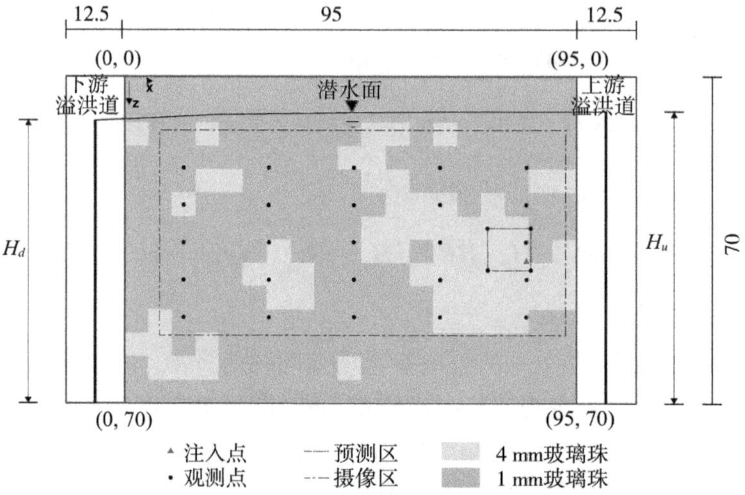

图 6-2　实验装置示意图

玻璃珠的水力特性(表 6-1)已使用相同的砂箱设备进行过表征[58,107]。大玻璃珠的渗透系数为 10.4 cm/s，纵向弥散系数估计为 0.25 cm。小玻璃珠的渗透系数为 0.65 cm/s，纵向弥散系数估计为 0.106 cm。孔隙率与玻璃珠直径无关且恒定为 0.37，横向弥散系数与纵向弥散系数之比恒定为 0.45。

表 6-1　地下水流动和运移模型参数(玻璃珠的水力特性)

参数类型	参数值
4 mm 玻璃珠渗透系数，K_1	10.4 cm/s
1 mm 玻璃珠渗透系数，K_2	0.65 cm/s
孔隙率，ϕ	0.37
4 mm 玻璃珠纵向弥散系数，α_{L_1}	0.25 cm
1 mm 玻璃珠纵向弥散系数，α_{L_2}	0.106 cm
横纵向弥散系数之比，α_T/α_L	0.45

虽然在对图片进行处理后，在砂箱的整个中心区域内（图 6-2 中的虚线矩形），浓度的空间分布是完全已知的，但为了模拟野外现场采样行为，只有在图中被确定为观测点的 29 个点上观察到的浓度被用于识别渗透系数和污染源参数。释放持续时间为 1 200 s，荧光素浓度为 20 mg/L，注射速率为 2.60 cm^3/s。从注射开始到 3 000 s 后每 30 s 进行一次观察，每个观测点进行 100 次观察。

观测点的数量足够多可以使我们能够获得令人满意的结果。此前的研究[30]表明，当观测点数量低于某个临界值时，由于缺乏足够的信息进行识别，识别将变得不可能。尽管本章所使用的观测点数量及其规则分布在实际情况下可能不够现实，但需要始终牢记的是，如果缺乏足够的信息，无论是通过 EnKF 还是其他方法，都无法实现有效识别。

第四节　场景定义和集合初始化

在尝试直接将 rNS-EnKF 应用于砂箱实验的观测浓度数据时，我们发现了一些困难，主要与过滤坍缩有关。这些问题促使我们在将滤波器应用于真实数据之前，先进行一次合成实验，以分析集合实现数量及不同防止过滤坍缩方法的影响。此外，通过在一个具有与砂箱相同渗透系数空间分布、相同边界条件和相同溶质注入脉冲的场域中，数值求解流动与运移方程，生成了一组参考的合成浓度数据。随后，分析了 6 种场景（S1～S6），其中使用了不同的集合规模以及不同的阻尼和膨胀方法。具体而言，测试了两种集合规模（500 和 1 000）、两种阻尼系数值（0.1 和 0.5）以及两种协方差膨胀方法（Wang 的方法和 Bauser 的方法）。

对合成参考的结果进行分析，得出如下结论：防止过滤坍缩的最佳方法为 Bauser 法。因此，使用实验数据运行了两个附加场景（R1 和 R2），以测试 Bauser 膨胀方法。这些场景中不同集合规模和膨胀方法的组合见表 6-2。

表 6-2　场景定义

场景	膨胀方法	集合大小
S1	无膨胀	500
S2	无膨胀	1 000
S3	阻尼系数为 0.1	500

续表

场景	膨胀方法	集合大小
S4	阻尼系数为 0.5	500
S5	Wang 的方法	500
S6	Bauser 的方法	500
实验	—	—
R1	无膨胀	1 000
R2	Bauser 的方法	500

表 6-3　用于生成初始实现集合的源参数的可疑范围及其真值

参数	真值	可疑范围
X_s(cm)—污染源 X 坐标	86	78～87
Z_s(cm)—污染源 Z 坐标	40	38～47
I_r(cm^3/s)—注入速率	2.60	2～3
I_c(mg/L)—注入浓度	20	5～25
T_e(s)—最终释放时间	1 200	1 050～1 250

所有场景的对数渗透系数实现的初始集合是相同的。对于 500 个实现的场景，仅保留总共 1 000 个实现的前 500 个，且前 500 个的选择是任意的，选择任何 500 个子集都不会影响一般性。这些初始实现是通过使用高斯随机函数生成的，该函数的均值等于玻璃珠对数渗透系数的加权均值，即 1.07 ln cm/s，方差等于二元高斯混合模型的方差，其中两个岩相的均值、比例与砂箱一致，每个岩相内的内部方差为 1，即 1.55 $(\ln cm/s)^2$。对数渗透系数的相关范围是各向同性的，等于 15 cm。在没有使用条件渗透系数值(如本章研究)的情况下，初始对数渗透系数集合并不如含水层状态观测数量重要。

同样，所有场景的污染源位置和脉冲的初始集合也是相同的。这些初始值是在可疑范围内生成的，范围由均匀分布定义。污染源的可疑位置(X_s，Z_s)的单位为 cm，范围为 U[78,87]×U[38,47](见图 6-2)；可疑物质注入速率范围为 U[2,3] cm^3/s，可疑物质注入浓度范围为 U[5,25] mg/L，可疑物质最终释放时间范围为 U[1 050,1 250] s(见表 6-3)。这些参数是相互独立生成的，与对数渗透系数也独立。这些范围仅用于生成初始集合；在此之后，更新的参数值不受任何边界限制。这些范围的选择是基于现实情况的考虑，即通常会有一些关于污染进入系统的时间和位置的信息。根据之前关于初始实现集合选择对 EnKF 性能影响的研究,可预期使用更宽或更窄的范围对最终结果的影响很小。

第五节 性能评估

将 rNS-EnKF 应用于各个场景中,并在每个时间步同化如图 6-2 所示点处的观测浓度值。在整个过程中都没有观测到对数渗透系数和水头。在每个时间步结束时,同化浓度数据后,滤波器提供了一组更新参数集合,这些参数集合通过以下方式进行分析:

(一) 计算污染源参数在每个时间步结束时的集合均值和方差。集合均值可被解释为参数估计值,集合方差则被用作估计不确定性的度量。

(二) 可视化分析单元对数渗透系数的集合均值和集合方差的空间变化,并与参考对数渗透系数的空间分布进行比较。

(三) 计算均方根误差(*RMSE*)、集合离散度(*ES*)和对数渗透系数的 *RMSE*/*ES* 值。

$$RMSE=\sqrt{\frac{1}{n}\sum_{i=1}^{n}(\ln K_i^{ref}-\overline{\ln K_i})^2} \tag{6-23}$$

$$ES=\sqrt{\frac{1}{n}\sum_{i=1}^{n}\sigma_{\ln K_i}^2} \tag{6-24}$$

式中:n 为计算均值的单元数;$\ln K_i^{ref}$ 为单元 i 处的参考对数渗透系数;$\overline{\ln K_i}$ 为单元 i 处对数渗透系数实现集合的均值;$\sigma_{\ln K_i}^2$ 为方差。*RMSE* 度量集合均值的准确性并将其作为参考场的估计,*ES* 度量这种估计相关的不确定性。*RMSE*/*ES* 值是近交滤波的度量,它可能导致滤波器崩溃,理想情况下其值应接近 1[30,152]。

第六节 结果

本研究已进行了两部分分析:首先使用合成数据进行初步分析,以确定模拟数量以及防止过滤坍缩的方法;随后对从砂箱实验收集的数据进行具体分析。

一、合成数据分析

对 6 个场景(S1～S6)进行综合分析，这些场景结合了两种模拟数量和五种防止过滤坍缩的方案(见表 6-2)。合成案例的参考数据源自具有与砂箱实验相同特征的流动与运移数值模拟。

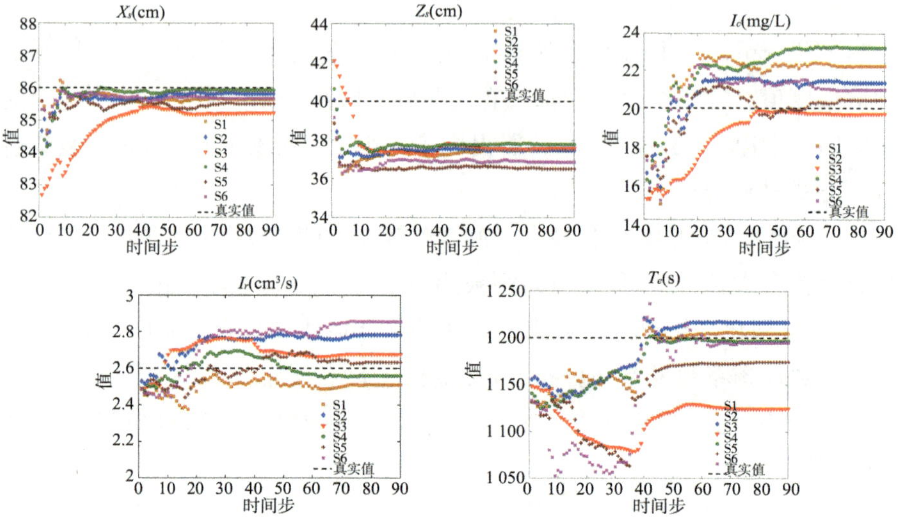

图 6-3　合成实验中各个场景下参数均值变化图

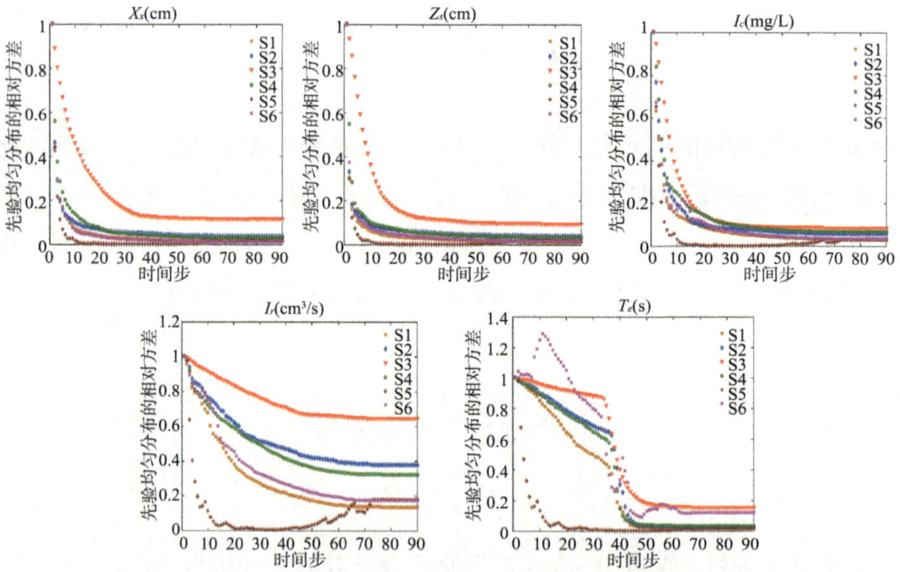

图 6-4　合成实验中各个场景下参数方差变化图(各方差图都用初始集合的方差进行了标准化)

图 6-3 和图 6-4 集中分析了污染源参数，分别展示了 6 种场景中所有五个污染源参数在每个时间步更新后的集合均值和集合方差。由于不同参数的集合方差范围差异较大，结果经过标准化处理（以初始集合的集合方差为基准），难以明确指出哪种场景表现最佳，但可以排除一些效果较差的场景：场景 S3（集合大小为 500，阻尼系数为 0.1）中大多数参数的最终方差最大，该场景可以被舍弃；场景 S5（集合大小为 500，采用 Wang 的膨胀法）在少数时间步后就发生了坍缩，使得几乎所有参数的集合方差迅速下降到零，也可以被舍弃。

表现较好的场景包括：场景 S2（集合大小为 1 000，未采用膨胀方法）能够提供接近真实值的估计，并且方差随时间演变而减小，与其他场景相似；场景 S1（集合大小为 500，未采用膨胀方法）虽然没有 S5 的过滤坍缩的快，但最终结果类似；场景 S4（集合大小为 500，阻尼系数为 0.5）对除 I_c 外的源参数估计效果较好，而场景 S3 中大多数参数的不确定性都较大。最后，场景 S6（集合大小为 500，采用 Bauser 的膨胀法）对除 I_r 外的所有参数的估计效果都非常好，且具有较低的最终不确定性，未出现过滤坍缩的情况，可将其定义为性能最好的场景。值得注意的是，所有方法估计的砂箱释放点的垂直位置 Z_s 均低于其实际位置，这一行为可能由污染源接近两种玻璃珠直径不同单元边界所引发的局部流速变化引起，而这些变化未在观测中反映。

图 6-5 和图 6-6 分别为所有合成场景在第 90 个时间步的初始对数渗透系数以及更新后的集合均值与方差。由于未使用对数渗透系数的条件数据，初始集合的均值和方差接近先验值且均匀分布。同化 90 个时间步的浓度数据后，更新后的对数渗透系数均值能够捕捉玻璃珠分布的主要变化模式，同时在砂箱的大部分区域中集合方差显著减少。不同场景间的比较表明，场景 S3 在对数渗透系数估计方面表现最差，方差最大；而场景 S5 显示出明显的过滤坍缩现象；场景 S2 和 S6 表现最佳，其中 S2 因更大的集合规模在对数渗透系数模式估计上略胜一筹。为了更定量地评估对数渗透系数的识别效果，图 6-7 为三个统计量 $RMSE$、ES 和 $RMSE/ES$ 随着数据同化进行的时间演变。最优表现对应于最低的 $RMSE$ 和 ES 值，以及接近 1 的 $RMSE/ES$ 值。S2 和 S6 是表现最好的两个场景，其中 S6 的 $RMSE/ES$ 值最接近 1。

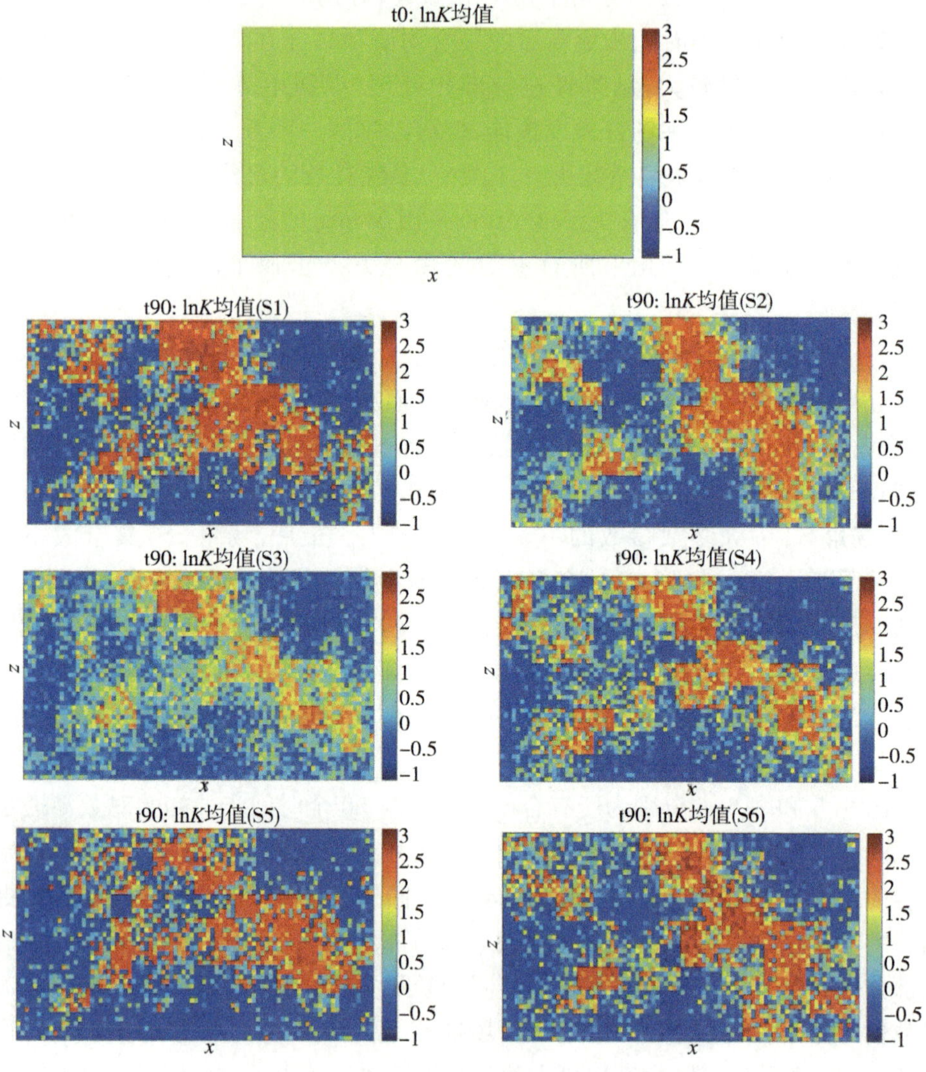

图 6-5　场景 S1～S6 在第 90 个时间步的初始 lnK 实现和更新 lnK 实现的集合均值

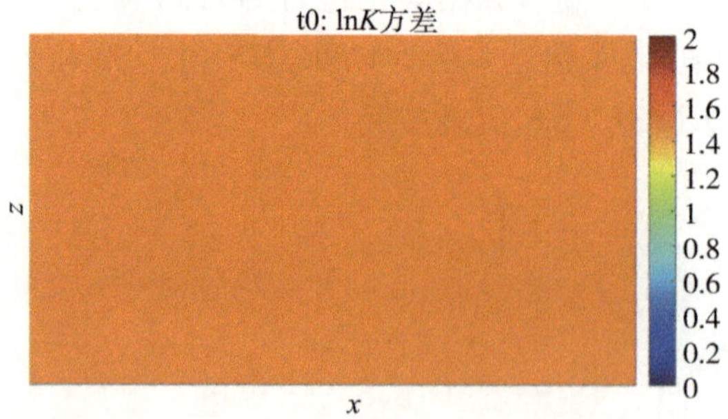

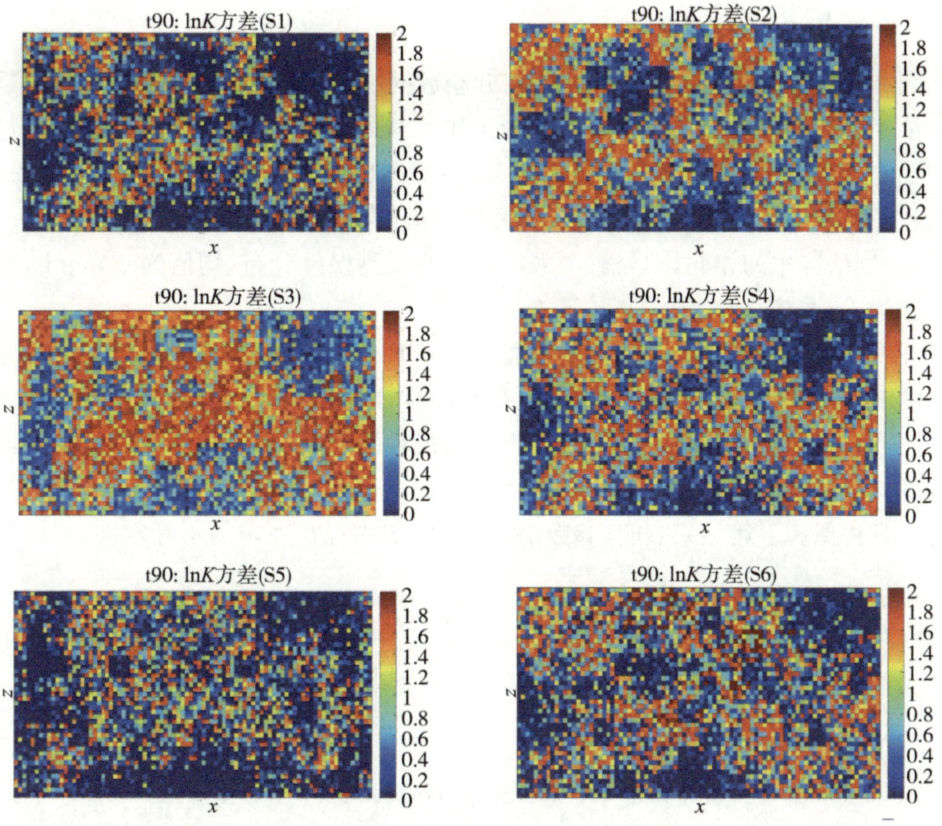

图 6-6　场景 S1～S6 在第 90 个时间步的初始 lnK 实现和更新 lnK 实现的集合方差

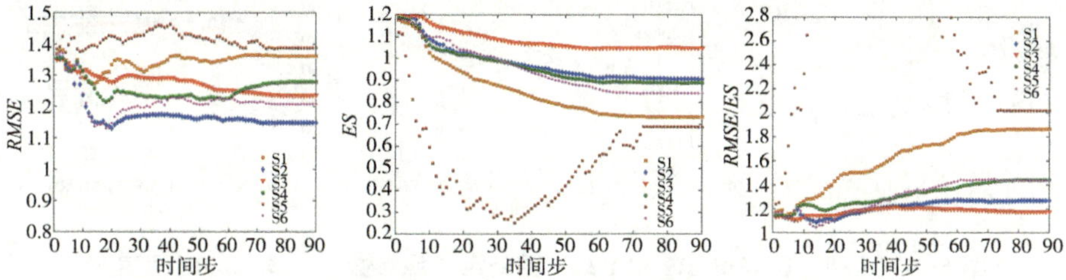

图 6-7　所有场景 *RMSE*、*ES* 及 *RMSE*/*ES* 的时间演化

综合考虑不同合成场景中 rNS-EnKF 的表现，选择了两种场景用于实验数据分析：具有 1000 个实现的非膨胀方法（称为 R1）和具有 500 个实现的 Bauser 膨胀方法（称为 R2）。

二、砂箱数据分析

在首次尝试将 rNS-EnKF 应用于砂箱数据时，我们遇到了一些困难，主要是由浓度观测误差引起的。根据早期的工作[115]，如果低估观测误差，滤波器将过于贴合观测浓度，导致参数估计出现偏差；而高估观测误差会使拟合过于宽松，导致较大的估计不确定性。由于使用的砂箱设备与 Cupola 等人[58]以及 Chen 等人[115]研究中的相同，本分析中采用相同的观测误差分布（均值为 0 mg/L，标准差为 1 mg/L）。

图 6-8 和图 6-9 分别为两种场景（R1 和 R2）中污染源参数的集合均值和方差的演变。两种方法均表现良好，所有参数的均值估计接近真实值，方差接近于零。而注入浓度 I_c 和注入速率 I_r 的识别相对困难，估计误差和方差最大。当计算质量负荷率（即注入速率和注入浓度的乘积）时，其均值和方差与其他污染源参数相似。上述结果表明，参数 I_c 和 I_r 的识别存在一定的不确定性，但这种

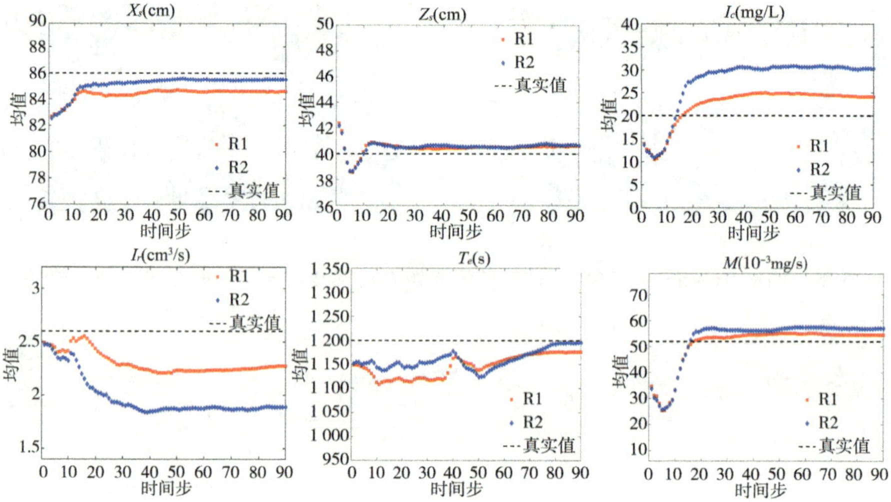

图 6-8　两种砂箱场景（R1 和 R2）下更新污染源参数集合均值的时间演变

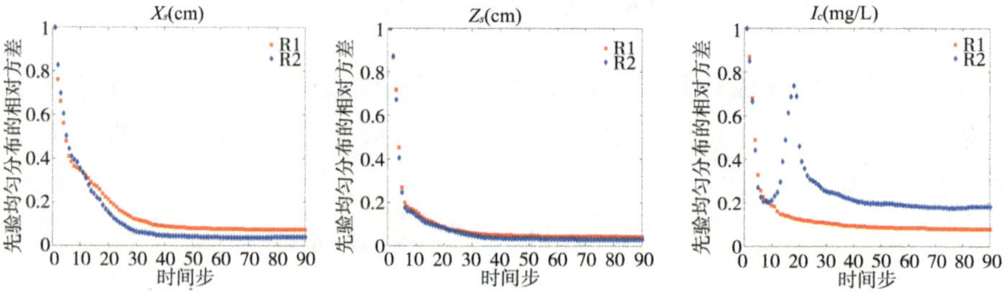

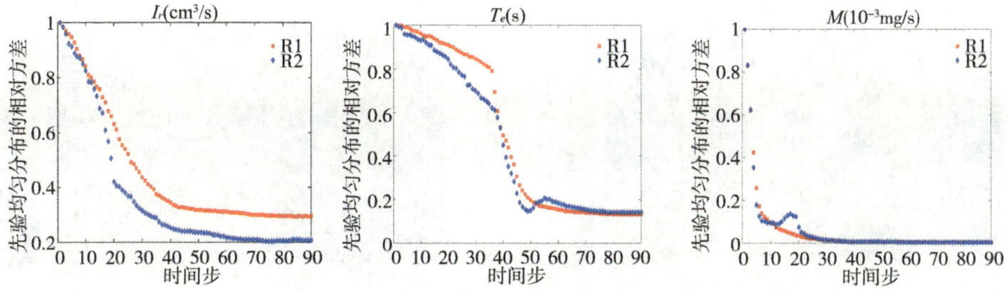

每个集合方差都已通过它们在时刻 0 时的值进行了归一化。

图 6-9　两种砂箱场景(R1 和 R2)下更新污染源参数集合方差的时间演变

不确定性在识别其乘积时消失了。可以得出结论，在不考虑参数 I_c 和 I_r 的情况下，两种场景表现相当，说明 Bauser 膨胀方法能够通过减少模拟数量(从 1 000 到 500)实现与更大集合规模相当的性能。

图 6-10 为场景 R1 和 R2 在第 90 个时间步时对数渗透系数 ln$K$ 的集合均值和方差。图 6-11 为第 90 个时间步时参考场和更新的 ln$K$ 之间绝对差值的集合均值。两种场景均捕捉了对数渗透系数的主要变化模式，并在低渗透率区域显著减少了集合方差。这主要是因为低浓度与低渗透率之间的强相关性。比较这两种场景，场景 R2 的方差减少更明显，参考与估计渗透率之间的绝对偏差更小，这再次表明 Bauser 膨胀方法在减少集合规模并获得相当甚至更好结果方面表现出色。图 6-12 为场景 R1 和 R2 的 $RMSE$、ES 和 $RMSE/ES$ 在时间上的变化。与场景 R1 相比，场景 R2 的表现非常好，$RMSE$ 相似，ES 更小，$RMSE/ES$ 的值也与 1 相差不远。

图 6-13 为砂箱中污染物羽流在第 10、40、60 和 90 个时间步的演变过程，而图 6-14 为在初始集合条件下计算的污染物羽流的集合均值。图 6-15 和图 6-16 分别为场景 R1 和 R2 的污染物羽流的整体均值，其计算的时间步与图 6-13 中的所有参数在第 90 个时间步更新时相同。模拟羽流与观测羽流的对比非常理想，证明了估计参数已受到观测浓度的条件约束，且能够很好地预测污染物的运动。

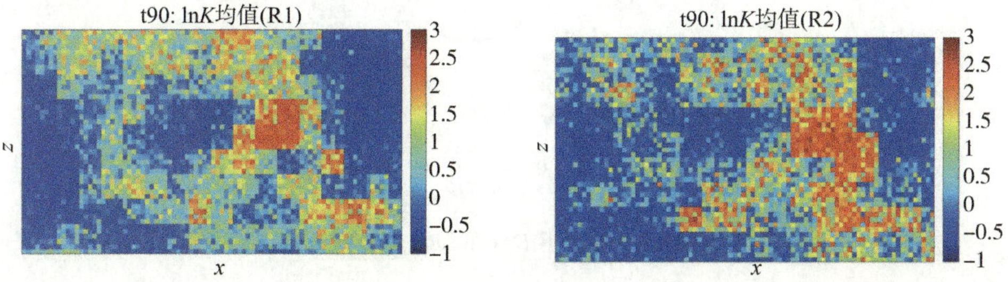

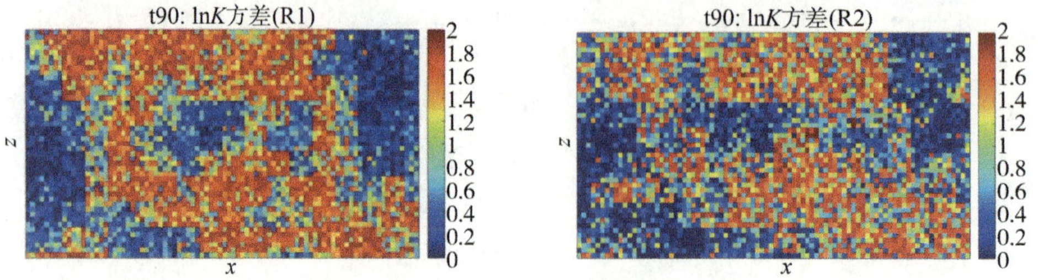

图 6-10　第 90 个时间步时 R1 和 R2 的更新 ln*K* 的集合均值和集合方差

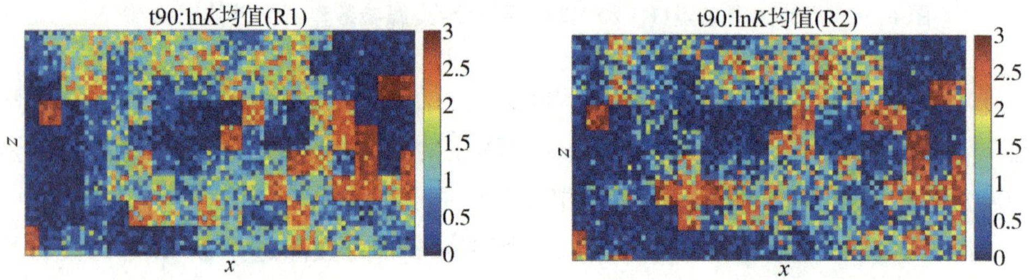

图 6-11　R1 和 R2 场景中参考 ln*K* 与更新 ln*K* 在第 90 个时间步的绝对偏差的集合均值

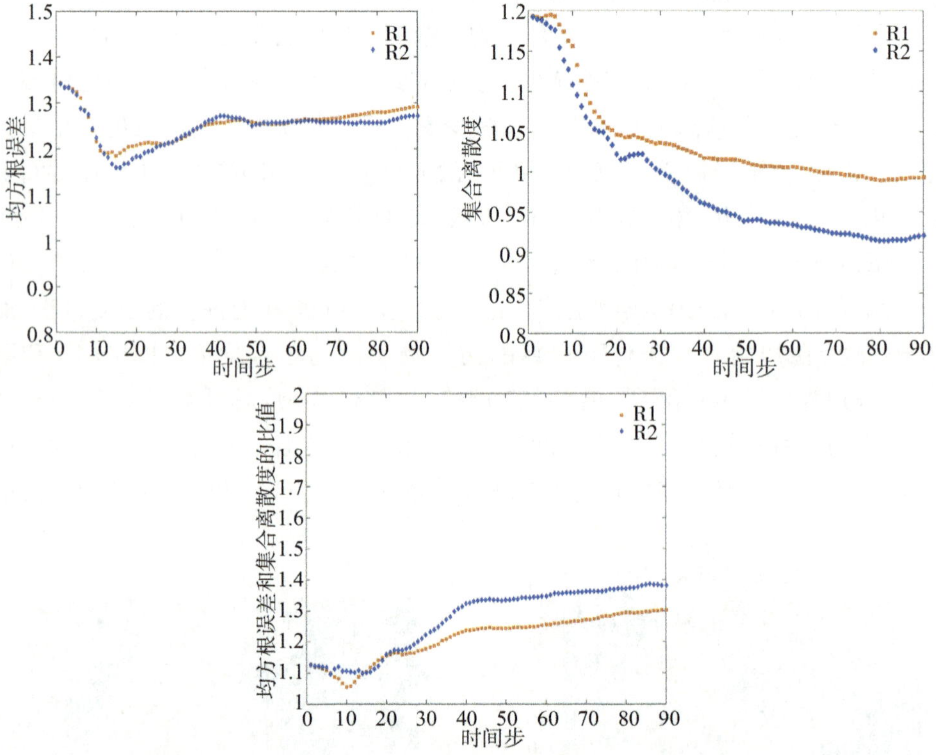

图 6-12　R1 和 R2 场景下 *RMSE*、*ES* 和 *RMSE*/*ES* 变化图

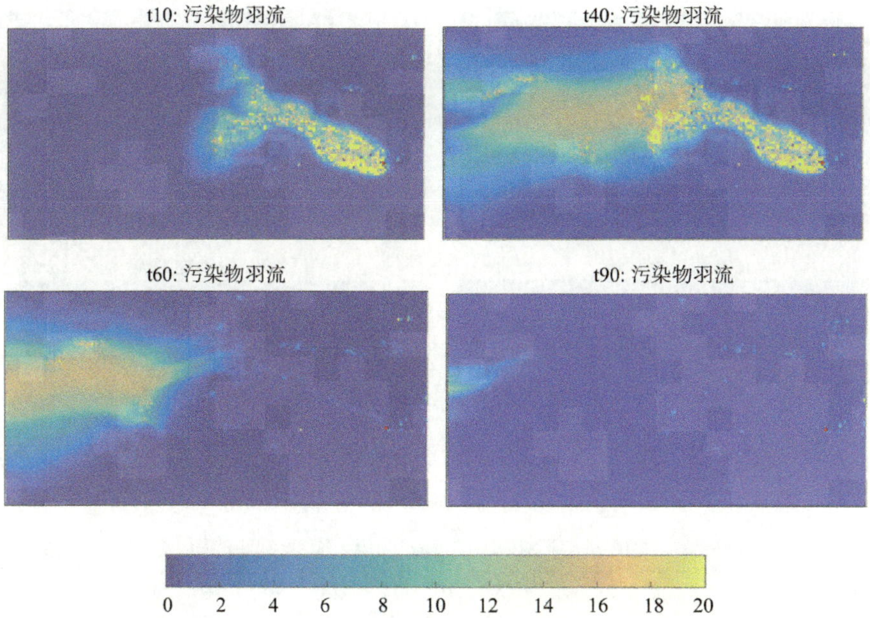

红色三角形为真实的注入器。

图 6-13　砂箱中污染物羽流在第 10、40、60 和 90 个时间步的变化过程

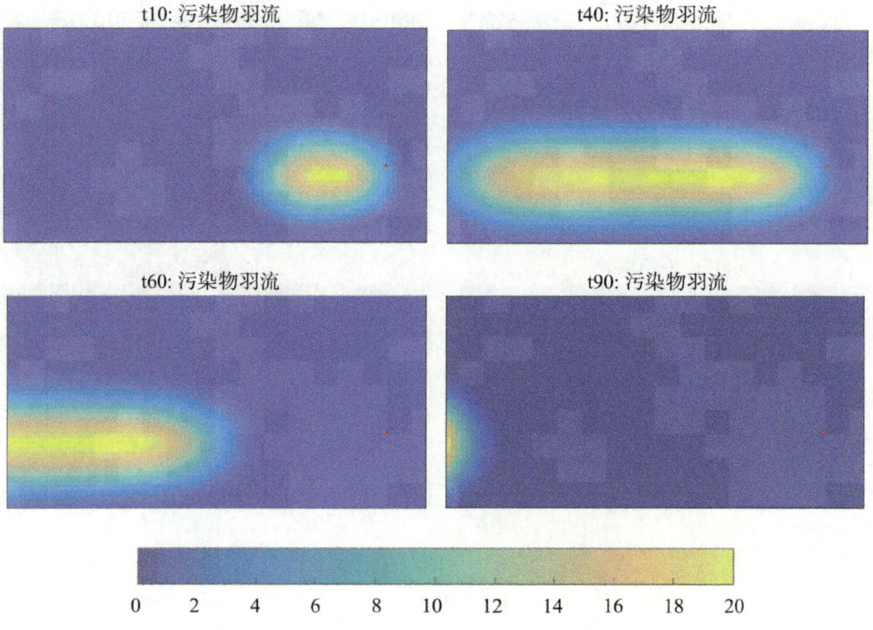

红色三角形为真实的注入器。

图 6-14　污染物羽流在第 10、40、60 和 90 个时间步实现初始集合上计算的集合均值

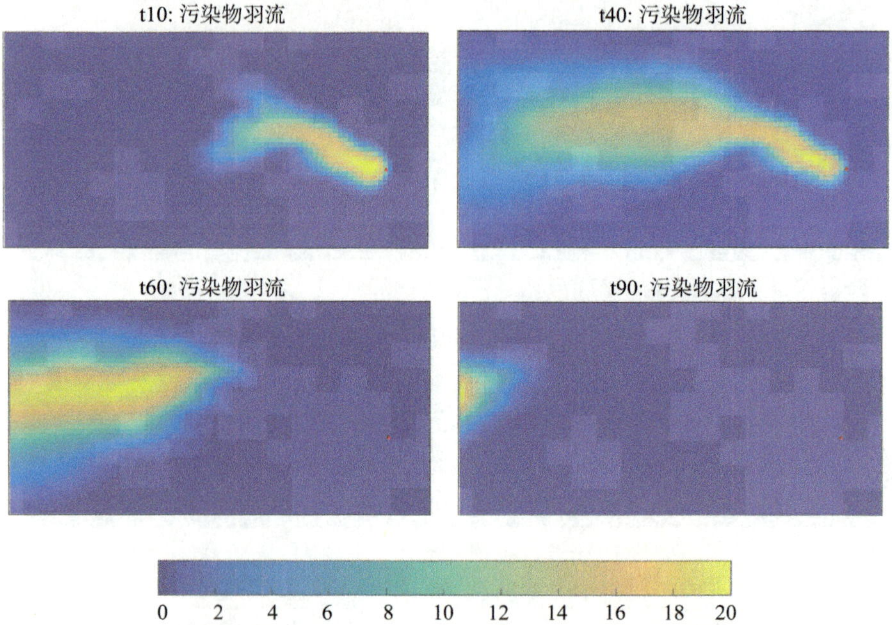

所有参数在第 90 个时间步后更新，红色三角形为真实的注入器。

图 6-15　R1 场景第 10、40、60 和 90 个时间步污染物羽流的集合均值演变

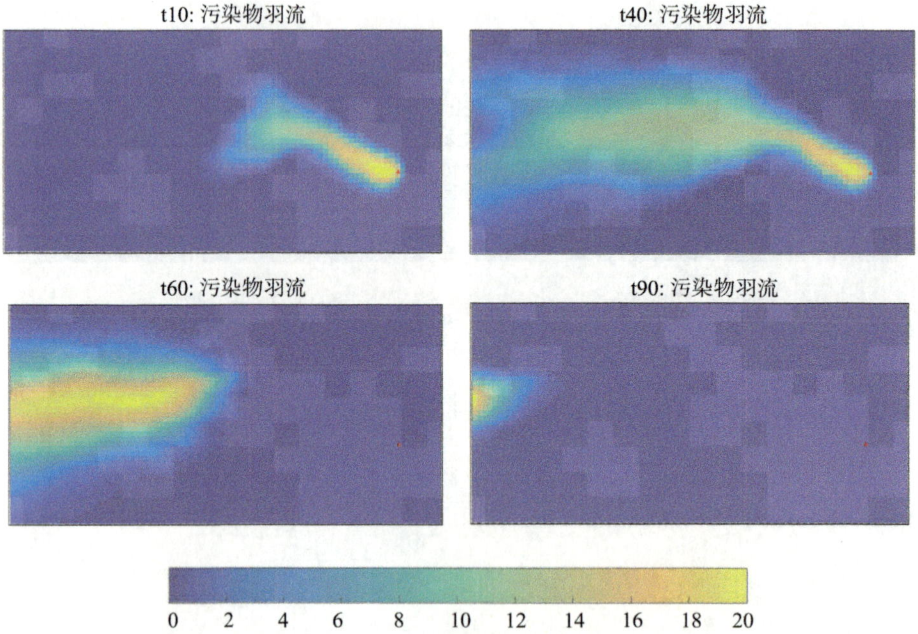

所有参数在第 90 个时间步后更新，红色三角形为真实的注入器。

图 6-16　R2 场景第 10、40、60 和 90 个时间步污染物羽流的集合均值演变

第七节　总结与讨论

Xu 和 Gómez-Hernández[32]的研究展示了重启正态集合卡尔曼滤波(rNS-EnKF)在合成含水层中同时识别污染源参数和渗透系数的能力。本章的研究首次尝试将其应用于非合成场景,通过实验室砂箱模拟含水层,其中几何形状、初始条件和边界条件均已知。

初步发现表明,将该方法直接应用于收集到的数据并不容易。尽管在实验室条件下进行实验,但仍然无法避免测量误差和其他误差,这导致滤波器在初次尝试时无法正常工作。即使在使用较大集合规模的情况下,滤波器也会坍缩。这促使我们首先使用数值模型生成的溶质浓度开展合成案例分析,从而消除模型或测量误差的影响。在这项合成实验中,对 6 种场景进行了比较,结果表明选择一种合适的防止过滤坍缩的方法至关重要。在 4 种备选方法中,Bauser 的协方差膨胀方法被认为是最优的。该方法允许我们将集合规模从无膨胀情况下的 1 000 个减少到膨胀情况下的 500 个,同时实现类似的结果。在这些合成场景中,有效识别了污染源的水平坐标,但对垂直坐标的估计比原始位置略低,其原因可能是污染源位置接近大玻璃珠和小玻璃珠单元边界。实验结果还表明,从连续分布的对数渗透系数开始识别二元渗透系数场是困难的。然而,各场景中的高渗透率和低渗透率的两个主要区域均得到了良好的捕捉,其中集合规模为 1 000 的场景表现最佳,其次是使用 Bauser 膨胀方法并具有 500 个模拟的场景。

将 Bauser 的膨胀法和 500 次实现应用于砂箱中的观测数据,并与非膨胀的滤波器和 1 000 次实现进行比较,结果具有可比性。在这两种情况下,源参数的识别结果都很好,甚至对于注入位置的垂直坐标也是如此。由于在砂箱观测中使用的测量误差方差比合成场景中使用的更大,因此在砂箱观测中比合成场景中能更好地识别出污染源在砂箱中的垂直位置。较大的观测误差能够使滤波器更灵活地更新参数以适应观察结果,同时导致最终参数集合的方差较大。很明显,对于注入速率和注入浓度的估计都是有偏差的。进一步的分析表明,这两个参数的估计存在一定程度的不确定性,而真正重要的参数是质量负荷率(即注入速率和注入浓度的乘积),其估计结果很好,没有偏差,几乎没有不确定性。与合成案例类似,通过连续对数渗透系数估计二元渗透系数场几乎是不可能的,但最终的对数渗透系数集合显示出足够的空间异质性,能够区分高渗透率和低渗透率的两个主要区域。更重要的是，在最终渗透系数场中求解质量传输方程所得到的污染羽流，其在空间和时间上的移动模式与砂箱中观测到的非常相似，尤其是与基于初始集合渗透系数计算的平均羽流相比。

需要注意的是，在砂箱实验中，唯一可用的数据是浓度数据，未提供渗透系数或水头的观测值。在实际案例中，渗透系数和水头数据也可以被同化，从而改进所有被识别参数的估计，这一点已被 Wen 等[163]的研究所证实。在所有情况下，观测数据的数量和分布都是关键因素。进一步工作的一个有趣方向是对观测点的数量和几何分布进行敏感性分析，并结合水头和渗透系数数据进行研究。

总之，rNS-EnKF 已被证明可以用于污染源和渗透系数的联合识别，其有效性及适用性已超出了先前理想化模型中的验证结果。尽管这种验证与野外条件相比仍有差距，在野外条件下，边界条件、初始条件、驱动力或几何形状可能并不完全已知，但砂箱实验已包含了二元异质渗透系数的空间分布，而这通常是难以识别的。未来的工作应聚焦于将 rNS-EnKF 应用于实际的野外案例。

参考文献

[1] GORELICK S M. Numerical management models of groundwater pollution[D]. Stanford: Stanford University, 1981.

[2] HWANG J C, KOERNER R M. Groundwater pollution source identification from limited monitoring well data: Part 1—theory and feasibility[J]. Journal of Hazardous Materials, 1983, 8(2): 105-119.

[3] DATTA B, BEEGLE J E, KAVVAS M L, et al. Development of an expert system embedding pattern recognition techniques for pollution source identification[R]. National Technical Information Service, 1989.

[4] GORELICK S M, EVANS B, REMSON I. Identifying sources of groundwater pollution: An optimization approach[J]. Water Resources Research, 1983, 19(3): 779-790.

[5] BAGTZOGLOU A C, TOMPSON A F, DOUGHERTY D E. Probabilistic simulation for reliable solute source identification in heterogeneous porous media[M]// GANOULIS J. Water resources engineering risk assessment. Berlin: Springer, 1991: 189-201.

[6] DAGAN G. Stochastic modeling of groundwater flow by unconditional and conditional probabilities: 2. The solute transport[J]. Water Resources Research, 1982, 18(4): 835-848.

[7] BAGTZOGLOU A C, DOUGHERTY D E, TOMPSON A F. Application of particle methods to reliable identification of groundwater pollution sources[J]. Water Resources Management, 1992, 6(1): 15-23.

[8] WAGNER B J. Simultaneous parameter estimation and contaminant source characterization for coupled groundwater flow and contaminant transport modelling[J]. Journal of Hydrology, 1992, 135(1-4): 275-303.

[9] CARRERA J. Estimation of aquifer parameters under transient and steady-state conditions[D]. Tucson:University of Arizona, 1984.

[10] CARRERA J, NEUMAN S P. Estimation of aquifer parameters under transient and steady state conditions: 1. Maximum likelihood method incorporating prior information [J]. Water Resources Research, 1986,22(2):199-210.

[11] SKAGGS T H, KABALA Z J. Recovering the release history of a groundwater contaminant[J]. Water Resources Research, 1994, 30(1): 71-79.

[12] WOODBURY A D, ULRYCH T J. Minimum relative entropy inversion: Theory and

application to recovering the release history of a groundwater contaminant[J]. Water Resources Research, 1996, 32(9): 2671-2681.

[13] ARAL M M, Guan J. Genetic algorithms in search of groundwater pollution sources [M]// ARAL M M. Advances in groundwater pollution control and remediation. Dordrecht: Springer, 1996: 347-369.

[14] SNODGRASS M F, KITANIDIS P K. A geostatistical approach to contaminant source identification[J]. Water Resources Research, 1997, 33(4): 537-546.

[15] WOODBURY A, SUDICKY E, ULRYCH T J, et al. Three-dimensional plume source reconstruction using minimum relative entropy inversion[J]. Journal of Contaminant Hydrology, 1998, 32(1-2): 131-158.

[16] SINGH R M, DATTA B, JAIN A. Identification of unknown groundwater pollution sources using artificial neural networks[J]. Journal of Water Resources Planning and Management, 2004, 130(6): 506-514.

[17] SINGH R M, DATTA B. Groundwater pollution source identification and simultaneous parameter estimation using pattern matching by artificial neural network[J]. Environmental Forensics, 2004, 5(3): 143-153.

[18] ZENG L Z, SHI L S, ZHANG D X, et al. A sparse grid based Bayesian method for contaminant source identification[J]. Advances in Water Resources, 2012, 37: 1-9.

[19] HAARIO H, LAINE M, MIRA A, et al. DRAM: efficient adaptive MCMC[J]. Statistics and Computing, 2006, 16(4): 339-354.

[20] WASILKOWSKI G W, WOZNIAKOWSKI H. Explicit cost bounds of algorithms for multivariate tensor product problems[J]. Journal of Complexity, 1995, 11(1): 1-56.

[21] JIANG X, MA R, WANG Y, et al. Two-stage surrogate model-assisted Bayesian framework for groundwater contaminant source identification[J]. Journal of Hydrology, 2021, 594: 125955.

[22] JHA M K, DATTA B. Linked simulation-optimization based dedicated monitoring network design for unknown pollutant source identification using dynamic time warping distance[J]. Water Resources Management, 2014, 28(12): 4161-4182.

[23] AMIRABDOLLAHIAN M, DATTA B. Identification of contaminant source characteristics and monitoring network design in groundwater aquifers: an overview[J]. Journal of Environmental Protection, 2013, 4: 26-41.

[24] EVENSEN G. The Ensemble Kalman Filter: Theoretical formulation and practical implementation[J]. Ocean Dynamics, 2003, 53(4): 343-367.

[25] CHEN Y, ZHANG D. Data assimilation for transient flow in geologic formations via ensemble Kalman filter[J]. Advances in Water Resources, 2006, 29(8): 1107-1122.

[26] AANONSEN S I, NAEVDAL G, Oliver D S, et al. The ensemble Kalman filter in res-

ervoir engineering—a review[J]. SPE Journal，2009，14(3)：393-412.

[27] LI L，ZHOU H，HENDRICKS FRANSSEN H-J，et al. Groundwater flow inverse modeling in non-MultiGaussian media：performance assessment of the normal-score Ensemble Kalman Filter[J]. Hydrology and Earth System Sciences，2012，16(2)：573-590.

[28] LI L P，ZHOU H Y，GÓMEZ-HERNÁNDEZ J J，et al. Jointly mapping hydraulic conductivity and porosity by assimilating concentration data via ensemble Kalman filter [J]. Journal of Hydrology，2012，428：152-169.

[29] XU T，GÓMEZ-HERNÁNDEZ J J，LI L，et al. Parallelized ensemble Kalman filter for hydraulic conductivity characterization [J]. Computers & Geosciences，2013，52：42-49.

[30] XU T，GÓMEZ-HERNÁNDEZ J J，ZHOU H，et al. The power of transient piezometric head data in inverse modeling：An application of the localized normal-score EnKF with covariance inflation in a heterogenous bimodal hydraulic conductivity field[J]. Advances in Water Resources，2013，54：100-118.

[31] XU T，GÓMEZ-HERNÁNDEZ J J. Joint identification of contaminant source location，initial release time，and initial solute concentration in an aquifer via ensemble Kalman filtering[J]. Water Resources Research，2016，52(8)：6587-6595.

[32] XU T，GÓMEZ-HERNÁNDEZ J J. Simultaneous identification of a contaminant source and hydraulic conductivity via the restart normal-score ensemble Kalman filter[J]. Advances in Water Resources，2018，112：106-123.

[33] 曹小群，宋君强，张卫民，等. 对流-扩散方程源项识别反问题的 MCMC 方法[J]. 水动力学研究与进展(A 辑)，2010，25(2)：127-136.

[34] 顾文龙，卢文喜，张宇，等. 基于贝叶斯推理与改进的 MCMC 方法反演地下水污染源释放历史[J]. 水利学报，2016，47(6)：772-779.

[35] 李雪利，罗建男，刘勇. 不同建议分布 MCMC 算法在地下水污染源反演识别中的对比研究[J]. 中国环境科学，2023，43(4)：1646-1654.

[36] 贺新月. 基于 MCMC 的水文模拟不确定性分析方法及其应用[D]. 南京：南京大学，2020.

[37] 江思珉，王佩，施小清，等. 地下水污染源反演的 Hooke-Jeeves 吸引扩散粒子群混合算法[J]. 吉林大学学报(地球科学版)，2012，42(6)：1866-1872.

[38] 江思珉，蔡奕，王敏，等. 基于和声搜索算法的地下水污染源与未知含水层参数的同步反演研究[J]. 水利学报，2012，43(12)：1470-1477.

[39] 江思珉，张亚力，蔡奕，等. 单纯形模拟退火算法反演地下水污染源强度[J]. 同济大学学报(自然科学版)，2013，41(2)：253-257.

[40] 葛渊博，卢文喜，白玉堃，等. 基于 SSA - BP 与 SSA 的地下水污染源反演识别[J]. 中国

环境科学,2022,42(11):5179-5187.

[41] 江思珉,张亚力,周念清,等.基于卡尔曼滤波和模糊集的地下水污染羽识别[J].同济大学学报(自然科学版),2014,42(3):435-440.

[42] 江思珉,张亚力,周念清,等.基于污染羽形态对比的地下水污染源识别研究[J].水利学报,2014,45(6):735-741.

[43] 崔尚进,卢文喜,顾文龙,等.基于U-D分解的卡尔曼滤波法在地下水污染源识别中的应用[J].中国环境科学,2016,36(9):2633-2637.

[44] 曹彤彤,曾献奎,吴吉春,等.基于伴随状态方法的地下水污染源识别研究[J].高校地质学报,2016,22(3):563-571.

[45] 张江江.地下水污染源解析的贝叶斯监测设计与参数反演方法[D].杭州:浙江大学,2017.

[46] CAO T T, ZENG X K, Wu J C, et al. Groundwater contaminant source identification via Bayesian model selection and uncertainty quantification[J]. Hydrogeology Journal, 2019, 27(8): 2907-2918.

[47] 张双圣,刘汉湖,强静,等.基于贝叶斯公式的地下水污染源及含水层参数同步反演[J].中国环境科学,2019,39(7):2902-2912.

[48] 朱嵩.基于贝叶斯推理的环境水力学反问题研究[D].杭州:浙江大学,2008.

[49] MICHALAK A M, KITANIDIS P K. A method for enforcing parameter nonnegativity in Bayesian inverse problems with an application to contaminant source identification[J]. Water Resources Research, 2003, 39(2).

[50] MICHALAK A M, KITANIDIS P K. Application of geostatistical inverse modeling to contaminant source identification at Dover AFB, Delaware[J]. Journal of Hydraulic Research, 2004, 42(S1): 9-18.

[51] NEUPAUER R M, WILSON J L. Adjoint method for obtaining backward-in-time location and travel time probabilities of a conservative groundwater contaminant[J]. Water Resources Research, 1999, 35(11): 3389-3398.

[52] NEUPAUER R M, LIN R H. Identifying sources of a conservative groundwater contaminant using backward probabilities conditioned on measured concentrations[J]. Water Resources Research, 2006, 42(3):W03424.

[53] MAHAR P S, DATTA B. Identification of pollution sources in transient groundwater systems[J]. Water Resources Management, 2000, 14(3): 209-227.

[54] ARAL M M, GUAN J B, MASLIA M L. Identification of contaminant source location and release history in aquifers[J]. Journal of Hydrologic Engineering, 2001, 6(3): 225-234.

[55] YEH H-D, CHANG T-H, LIN Y-C. Groundwater contaminant source identification by a hybrid heuristic approach[J]. Water Resources Research, 2007, 43(9):W09420.

[56] YEH H-D, LIN C-C, YANG B-J. Applying hybrid heuristic approach to identify contaminant source information in transient groundwater flow systems[J]. Mathematical Problems in Engineering, 2014:369369.

[57] BUTERA I, TANDA M G, ZANINI A. Simultaneous identification of the pollutant release history and the source location in groundwater by means of a geostatistical approach[J]. Stochastic Environmental Research and Risk Assessment, 2013, 27(5): 1269-1280.

[58] CUPOLA F, TANDA M G, ZANINI A. Laboratory sandbox validation of pollutant source location methods[J]. Stochastic Environmental Research and Risk Assessment, 2015, 29(1): 169-182.

[59] GZYL G, ZANINI A, FRACZEK R, et al. Contaminant source and release history identification in groundwater: A multi-step approach[J]. Journal of Contaminant Hydrology, 2014, 157: 59-72.

[60] ZHOU H, GÓMEZ-HERNÁNDEZ J J, HENDRICKS FRANSSEN H-J, et al. An approach to handling non-Gaussianity of parameters and state variables in ensemble Kalman filtering[J]. Advances in Water Resources, 2011, 34(7): 844-864.

[61] HENDRICKS FRANSSEN H-J, KINZELBACH W. Ensemble Kalman filtering versus sequential self-calibration for inverse modelling of dynamic groundwater flow systems [J]. Journal of Hydrology, 2009, 365(3-4): 261-274.

[62] XU T, GÓMEZ-HERNÁNDEZ J J. Probability fields revisited in the context of ensemble Kalman filtering[J]. Journal of Hydrology, 2015, 531: 40-52.

[63] ZHENG C. MT3DMS v5. 3 supplemental user's guide[R]. Tuscaloosa: The University of Alabama, 2010.

[64] MCDONALD M G, HARBAUGH A W. A modular three-dimensional finite-difference ground-water flow model[R]. Open-File Report, 1988.

[65] MA R, ZHENG C, ZACHARA J M, et al. Utility of bromide and heat tracers for aquifer characterization affected by highly transient flow conditions[J]. Water Resources Research, 2012, 48(8):W08523.

[66] CHEN Y, OLIVER D S, ZHANG D. Data assimilation for nonlinear problems by ensemble Kalman filter with reparameterization[J]. Journal of Petroleum Science and Engineering, 2009, 66(1-2): 1-14.

[67] SUN A Y, PAINTER S L, WITTMEYER G W. A constrained robust least squares approach for contaminant release history identification[J]. Water Resources Research, 2006, 42(4):W04414.

[68] SUN A Y, PAINTER S L, WITTMEYER G W. A robust approach for iterative contaminant source location and release history recovery[J]. Journal of Contaminant Hy-

drology, 2006, 88(3-4): 181-196.

[69] MIRGHANI B Y, MAHINTHAKUMAR K G, TRYBY M E, et al. A parallel evolutionary strategy based simulation-optimization approach for solving groundwater source identification problems[J]. Advances in Water Resources, 2009, 32(9): 1373-1385.

[70] DOKOU Z, PINDER G F. Optimal search strategy for the definition of a DNAPL source[J]. Journal of Hydrology, 2009, 376(3-4): 542-556.

[71] AMIRABDOLLAHIAN M, DATTA B. Identification of pollutant source characteristics under uncertainty in contaminated water resources systems using adaptive simulated annealing and fuzzy logic[J]. International Journal of GEOMATE, 2014, 6(1): 757-762.

[72] AYVAZ M T. A hybrid simulation-optimization approach for solving the areal groundwater pollution source identification problems[J]. Journal of Hydrology, 2016, 538: 161-176.

[73] SIDAURUK P, CHENG A H-D, OUAZAR D. Ground water contaminant source and transport parameter identification by correlation coefficient optimization[J]. Groundwater, 1998, 36(2): 208-214.

[74] MAHAR P S, DATTA B. Optimal identification of ground-water pollution sources and parameter estimation[J]. Journal of Water Resources Planning and Management-Asce, 2001, 127(1): 20-29.

[75] DATTA B, CHAKRABARTY D, DHAR A. Simultaneous identification of unknown groundwater pollution sources and estimation of aquifer parameters[J]. Journal of Hydrology, 2009, 376(1-2): 48-57.

[76] KOCH J, NOWAK W. Identification of contaminant source architectures—A statistical inversion that emulates multiphase physics in a computationally practicable manner[J]. Water Resources Research, 2016, 52(2): 1009-1025.

[77] SCHÖENIGER A, NOWAK W, HENDRICKS FRANSSEN H-J. Parameter estimation by ensemble Kalman filters with transformed data: Approach and application to hydraulic tomography[J]. Water Resources Research, 2012, 48(4):W04502.

[78] GÓMEZ-HERNÁNDEZ J J, WEN X H. Probabilistic assessment of travel times in groundwater modeling[J]. Stochastic Hydrology Hydraulics, 1994, 8(1): 19-55.

[79] TROLDBORG M, NOWAK W, TUXEN N, et al. Uncertainty evaluation of mass discharge estimates from a contaminated site using a fully Bayesian framework[J]. Water Resources Research, 2010, 46(12):W12552.

[80] EVENSEN G. Sequential data assimilation with a nonlinear quasi-geostrophic model using Monte Carlo methods to forecast error statistics[J]. Journal of Geophysical Research: Oceans, 1994, 99(C5):10143-10162.

[81] BURGERS G, VAN LEEUWEN P J, EVENSEN G. Analysis scheme in the ensemble

Kalman filter[J]. Monthly Weather Review, 1998, 126(6): 1719-1724.

[82] WEN X-H, CHEN W H. Real-time reservoir model updating using ensemble Kalman Filter with confirming option[J]. SPE Journal, 2006, 11(4): 431-442.

[83] SIMON E, BERTINO L. Gaussian anamorphosis extension of the DEnKF for combined state parameter estimation: Application to a 1D ocean ecosystem model[J]. Journal of Marine Systems, 2012, 89(1): 1-18.

[84] CAMPORESE M, CASSIANI G, DEIANA R, et al. Assessment of local hydraulic properties from electrical resistivity tomography monitoring of a three-dimensional synthetic tracer test experiment[J]. Water Resources Research, 2011, 47(12):W12508.

[85] CAMPORESE M, CASSIANI G, DEIANA R, et al. Coupled and uncoupled hydrogeophysical inversions using ensemble Kalman filter assimilation of ERT-monitored tracer test data[J]. Water Resources Research, 2015, 51(5): 3277-3291.

[86] CRESTANI E, CAMPORESE M, SALANDIN P. Assessment of hydraulic conductivity distributions through assimilation of travel time data from ERT-monitored tracer tests[J]. Advances in Water Resources, 2015, 84: 23-36.

[87] BEAR J. Dynamics of fluids in porous media[M]. New York: American Elsevier Publishing Company, 1972.

[88] APTE A, HAIRER M, STUART A M, et al. Sampling the posterior: An approach to non-Gaussian data assimilation[J]. Physica D: Nonlinear Phenomena, 2007, 230(1-2): 50-64.

[89] CHEN Y, OLIVER D S. Parameterization techniques to improve mass conservation and data assimilation for ensemble Kalman filter[C]. Anaheim, California: SPE Westerr Regional Meeting, 2010.

[90] SIMON E, BERTINO L. Application of the Gaussian anamorphosis to assimilation in a 3-D coupled physical-ecosystem model of the North Atlantic with the EnKF: a twin experiment[J]. Ocean Science, 2009, 5(4): 495-510.

[91] SUN A Y, MORRIS A P, MOHANTY S. Sequential updating of multimodal hydrogeologic parameter fields using localization and clustering techniques[J]. Water Resources Research, 2009, 45(7):W07424.

[92] GÓMEZ-HERNÁNDEZ J J, JOURNEL A G. Joint sequential simulation of multigaussian fields[M] // SOARES A. Geostatistics Tróia'92. Dordrecht: Springer, 1993: 85-94.

[93] STREBELLE S. Conditional simulation of complex geological structures using multiple-point statistics[J]. Mathematical Geology, 2002, 34(1):1-21.

[94] ZHOU H, LI L, GÓMEZ-HERNÁNDEZ J J. Characterizing curvilinear features using the localized normal-score ensemble Kalman filter[J]. Abstract and Applied Analysis,

2012,2012:1-18.

[95] ATMADJA J, BAGTZOGLOU A C. State of the art report on mathematical methods for groundwater pollution source identification[J]. Environmental Forensics, 2001, 2(3): 205-214.

[96] MICHALAK A M, KITANIDIS P K. Estimation of historical groundwater contaminant distribution using the adjoint state method applied to geostatistical inverse modeling[J]. Water Resources Research, 2004, 40(8).

[97] BAGTZOGLOU A C, ATMADJA J. Mathematical methods for hydrologic inversion: The case of pollution source identification[M]//KASSIM T A. Water Pollution. Berlin, Heidelbeg:Springer, 2005:65-96.

[98] AYVAZ M T. A linked simulation-optimization model for solving the unknown groundwater pollution source identification problems[J]. Journal of Contaminant Hydrology, 2010, 117(1-4): 46-59.

[99] HOUTEKAMER P L, MITCHELL H L. A sequential ensemble kalman filter for atmospheric data assimilation[J]. Monthly Weather Review, 2001, 129(1): 123-137.

[100] ZHOU H Y, GÓMEZ-HERNÁNDEZ J J, LI L P. Inverse methods in hydrogeology: Evolution and recent trends[J]. Advances in Water Resources, 2014, 63: 22-37.

[101] XU T, GÓMEZ-HERNÁNDEZ J J. Inverse sequential simulation: A new approach for the characterization of hydraulic conductivities demonstrated on a non-Gaussian field [J]. Water Resources Research, 2015, 51(4): 2227-2242.

[102] XU T, GÓMEZ-HERNÁNDEZ J J. Characterization of non-Gaussian conductivities and porosities with hydraulic heads, solute concentrations, and water temperatures[J]. Water Resources Research, 2016, 52(8): 6111-6136.

[103] LIU C X, BALL W P. Application of inverse methods to contaminant source identification from aquitard diffusion profiles at Dover AFB, Delaware[J]. Water Resources Research, 1999, 35(7): 1975-1985.

[104] CUPOLA F, TANDA M G, ZANINI A. Contaminant release history identification in 2-D heterogeneous aquifers through a minimum relative entropy approach[J]. Springerplus, 2015, 4:656.

[105] ZANINI A, WOODBURY A D. Contaminant source reconstruction by empirical Bayes and Akaike's Bayesian Information Criterion[J]. Journal of Contaminant Hydrology, 2016, 185-186: 74-86.

[106] ZHENG C, WANG P P. MT3DMS: A modular three-dimensional multispecies transport model for simulation of advection, dispersion, and chemical reactions of contaminants in groundwater systems; documentation and user's guide[R]. Washington, DC: US Army Corps of Engineers, 1999.

[107] CITARELLA D, CUPOLA F, TANDA M G, et al. Evaluation of dispersivity coefficients by means of a laboratory image analysis[J]. Journal of Contaminant Hydrology, 2015, 172: 10-23.

[108] SUN A Y. A robust geostatistical approach to contaminant source identification[J]. Water Resources Research, 2007, 43(2):W02418.

[109] WANG H, JIN X. Characterization of groundwater contaminant source using Bayesian method[J]. Stochastic Environmental Research and Risk Assessment, 2013, 27(4): 867-876.

[110] ZHANG J J, ZENG L Z, CHEN C, et al. Efficient Bayesian experimental design for contaminant source identification[J]. Water Resources Research, 2015, 51(1): 576-598.

[111] ATMADJA J, BAGTZOGLOU A C. Pollution source identification in heterogeneous porous media[J]. Water Resources Research, 2001, 37(8): 2113-2125.

[112] BAGTZOGLOU A C, ATMADJA J. Marching-jury backward beam equation and quasi-reversibility methods for hydrologic inversion: Application to contaminant plume spatial distribution recovery[J]. Water Resources Research, 2003, 39(2).

[113] NEUPAUER R M, BORCHERS B, WILSON J L. Comparison of inverse methods for reconstructing the release history of a groundwater contamination source[J]. Water Resources Research, 2000, 36(9): 2469-2475.

[114] SKAGGS T H, KABALA Z J. Recovering the history of a groundwater contaminant plume: Method of quasi-reversibility[J]. Water Resources Research, 1995, 31(11): 2669-2673.

[115] CHEN Z, GÓMEZ-HERNÁNDEZ J J, XU T, et al. Joint identification of contaminant source and aquifer geometry in a sandbox experiment with the restart ensemble Kalman filter[J]. Journal of Hydrology, 2018, 564: 1074-1084.

[116] VAN LEEUWEN P J, EVENSEN G. Data assimilation and inverse methods in terms of a probabilistic formulation[J]. Monthly Weather Review, 1996, 124(12): 2898-2913.

[117] EMERICK A A, REYNOLDS A C. Investigation of the sampling performance of ensemble-based methods with a simple reservoir model[J]. Computational Geosciences, 2013, 17(2): 325-350.

[118] EVENSEN G, VAN LEEUWEN P J. An ensemble Kalman smoother for nonlinear dynamics[J]. Monthly Weather Review, 2000, 128(6): 1852-1867.

[119] CRESTANI E, CAMPORESE M, BAU D, et al. Ensemble Kalman filter versus ensemble smoother for assessing hydraulic conductivity via tracer test data assimilation [J]. Hydrology and Earth System Sciences, 2013, 17(4): 1517-1531.

[120] EVENSEN G. Analysis of iterative ensemble smoothers for solving inverse problems[J]. Computational Geosciences, 2018, 22(3): 885-908.

[121] EMERICK A A, REYNOLDS A C. History-matching production and seismic data in a real field case using the ensemble smoother with multiple data assimilation[C]// SPE. SPE Reservoir Simulation Symposium, 2013.

[122] LEE K, JEONG H, JUNG S, et al. Improvement of ensemble smoother with clustered covariance for channelized reservoirs[J]. Energy Exploration & Exploitation, 2013, 31(5): 713-726.

[123] LE D H, YOUNIS R, REYNOLDS A C. A history matching procedure for non-Gaussian facies based on ES-MDA [C]// SPE. SPE Reservoir Simulation Symposium, 2015.

[124] FOKKER P A, WASSING B B T, VAN LEIJEN F J, et al. Application of an ensemble smoother with multiple data assimilation to the Bergermeer gas field, using PS-InSAR[J]. Geomechanics for Energy and the Environment, 2016, 5: 16-28.

[125] LE D H, EMERICK A A, REYNOLDS A C. An adaptive ensemble smoother with multiple data assimilation for assisted history matching[J]. SPE Journal, 2016, 21(6): 2195-2207.

[126] LI L, STETLER L, CAN Z, et al. An iterative normal-score ensemble smoother for dealing with non-Gaussianity in data assimilation[J]. Journal of Hydrology, 2018,567: 759-766.

[127] LI L P, PUZEL R, DAVIS A. Data assimilation in groundwater modelling: ensemble Kalman filter versus ensemble smoothers[J]. Hydrological Processes, 2018, 32(13): 2020-2029.

[128] KALMAN R E. A new approach to linear filtering and prediction problems[J]. Journal of Basic Engineering, 1960, 82: 35-45.

[129] EVENSEN G. Data assimilation: The ensemble Kalman filter[M]. Berlin Heidelbery: Springer, 2009.

[130] EMERICK A A, REYNOLDS A C. Ensemble smoother with multiple data assimilation[J]. Computers & Geosciences, 2013, 55: 3-15.

[131] REYNOLDS A C, ZAFARI M, LI G. Iterative forms of the ensemble Kalman filter [C]// EUROPEAN ASSOCIATION OF GEOSCIENTISTS & ENGINEERS. ECMOR X-10th European Conference on the Mathematics of Oil Recovery, 2006.

[132] GU Y, OLIVER D S. An iterative ensemble Kalman filter for multiphase fluid flow data assimilation[J]. SPE Journal, 2007, 12(4): 438-446.

[133] FEYEN L, GÓMEZ-HERNÁNDEZ J J, RIBEIRO P J, et al. A Bayesian approach to stochastic capture zone delineation incorporating tracer arrival times, conductivity

measurements, and hydraulic head observations[J]. Water Resources Research, 2003, 39(5):10.1-13.

[134] FEYEN L, RIBEIRO P J, GÓMEZ-HERNÁNDEZ J J, et al. Bayesian methodology for stochastic capture zone delineation incorporating transmissivity measurements and hydraulic head observations[J]. Journal of Hydrology, 2003, 271(1-4): 156-170.

[135] BAGTZOGLOU A C, DOUGHERTY D E, TOMPSON A. Application of particle methods to reliable identification of groundwater pollution sources[J]. Water Resources Management, 1992, 6(1): 15-23.

[136] GÓMEZ-HERNÁNDEZ J J, WEN X-H. To be or not to be multi-Gaussian? A reflection on stochastic hydrogeology[J]. Advances in Water Resources, 1998, 21(1):47-61.

[137] WEN X-H, CAPILLA J E, DEUTSCH C V, et al. A program to create permeability fields that honor single-phase flow rate and pressure data[J]. Computers & Geosciences, 1999, 25(3): 217-230.

[138] ZINN B, HARVEY C F. When good statistical models of aquifer heterogeneity go bad: A comparison of flow, dispersion, and mass transfer in connected and multivariate Gaussian hydraulic conductivity fields[J]. Water Resources Research, 2003, 39(3).

[139] KNUDBY C, CARRERA J. On the relationship between indicators of geostatistical, flow and transport connectivity[J]. Advances in Water Resources, 2005, 28(4): 405-421.

[140] LI L P, ZHOU H Y, GÓMEZ-HERNÁNDEZ J J. A comparative study of three-dimensional hydraulic conductivity upscaling at the macro-dispersion experiment (MADE) site, Columbus Air Force Base, Mississippi (USA)[J]. Journal of Hydrology, 2011, 404(3-4): 278-293.

[141] WAGNER B J. Simultaneous parameter estimation and contaminant source characterization for coupled groundwater flow and contaminant transport modelling[J]. Journal of Hydrology, 1992, 135(1-4): 275-303.

[142] JOURNEL A G, GÓMEZ-HERNÁNDEZ J J. Stochastic imaging of the Wilmington clastic sequence[J]. SPE Formation Evaluation, 1993, 8(1): 33-40.

[143] CAPILLA J E, RODRIGO J, GÓMEZ-HERNÁNDEZ J J. Simulation of non-Gaussian transmissivity fields honoring piezometric data and integrating soft and secondary information[J]. Mathematical Geology, 1999, 31(7): 907-927.

[144] HENDRICKS FRANSSEN H-J, GÓMEZ-HERNÁNDEZ J J. 3D inverse modelling of groundwater flow at a fractured site using a stochastic continuum model with multiple statistical populations[J]. Stochastic Environmental Research and Risk Assessment,

2002, 16(2): 155-174.

[145] GÓMEZ-HERNÁNDEZ J J, HENDRICKS FRANSSEN H-J W M, SAHUQUILLO A. Stochastic conditional inverse modeling of subsurface mass transport: A brief review and the self-calibrating method[J]. Stochastic Environmental Research and Risk Assessment, 2003, 17(5): 319-328.

[146] ZHOU H Y, GÓMEZ-HERNÁNDEZ J J, HENDRICKS FRANSSEN H J, et al. An approach to handling non-Gaussianity of parameters and state variables in ensemble Kalman filtering[J]. Advances in Water Resources, 2011, 34(7): 844-864.

[147] WANG X G, BISHOP C H. A comparison of breeding and ensemble transform Kalman filter ensemble forecast schemes[J]. Journal of the Atmospheric Sciences, 2003, 60(9): 1140-1158.

[148] ANDERSON J L. An adaptive covariance inflation error correction algorithm for ensemble filters[J]. Tellus A: Dynamic Meteorology and Oceanography, 2007, 59(2): 210-224.

[149] HENDRICKS FRANSSEN H-J, KINZELBACH W. Real-time groundwater flow modeling with the Ensemble Kalman Filter: Joint estimation of states and parameters and the filter inbreeding problem[J]. Water Resources Research, 2008, 44(9).

[150] LI H, KALNAY E, MIYOSHI T. Simultaneous estimation of covariance inflation and observation errors within an ensemble Kalman filter[J]. Quarterly Journal of the Royal Meteorological Society, 2009, 135(639): 523-533.

[151] ZHENG X G. An adaptive estimation of forecast error covariance parameters for Kalman filtering data assimilation[J]. Advances in Atmospheric Sciences, 2009, 26: 154-160.

[152] LIANG X, ZHENG X G, ZHANG S P, et al. Maximum likelihood estimation of inflation factors on error covariance matrices for ensemble Kalman filter assimilation[J]. Quarterly Journal of the Royal Meteorological Society, 2012, 138(662): 263-273.

[153] BAUSER H H, BERG D, KLEIN O, et al. Inflation method for ensemble Kalman filter in soil hydrology[J]. Hydrology and Earth System Sciences, 2018, 22(9): 4921-4934.

[154] LI L, ZHOU H, HENDRICKS FRANSSEN H-J, et al. Modeling transient groundwater flow by coupling ensemble Kalman filtering and upscaling[J]. Water Resources Research, 2012, 48(1): W01537.

[155] WEN X-H, CHEN W H. Some practical issues on real-time reservoir model updating using ensemble Kalman filter[C]// SICPA. International Petroleum Technology Conference, 2005.

[156] WEN X-H, CHEN W H. Real-time reservoir model updating using ensemble Kalman

filter with confirming option[J]. SPE Journal, 2006, 11(4): 431-442.

[157] CHANG H B, ZHANG D X, LU Z M. History matching of facies distribution with the EnKF and level set parameterization[J]. Journal of Computational Physics, 2010, 229(20): 8011-8030.

[158] KUMAR D, SRINIVASAN S. Ensemble-based assimilation of nonlinearly related dynamic data in reservoir models exhibiting non-Gaussian characteristics[J]. Mathematical Geosciences, 2019, 51(1): 75-107.

[159] JAFARPOUR B, KHODABAKHSHI M. A probability conditioning method (PCM) for nonlinear flow data integration into multipoint statistical facies simulation[J]. Mathematical Geosciences, 2011, 43(2): 133-164.

[160] KUMAR D, SRINIVASAN S. Indicator-based data assimilation with multiple-point statistics for updating an ensemble of models with non-Gaussian parameter distributions[J]. Advances in Water Resources, 2020, 141:103611.

[161] GREYBUSH S J, KALNAY E, MIYOSHI T, et al. Balance and ensemble Kalman filter localization techniques[J]. Monthly Weather Review, 2011, 139(2): 511-522.

[162] JOURNEL A, ISAAKS E. Conditional indicator simulation: application to a Saskatchewan uranium deposit[J]. Journal of the International Association for Mathematical Geology, 1984, 16(7): 685-718.

[163] WEN X H, GÓMEZ-HERNÁNDEZ J J, CAPILLA J E, et al. Significance of conditioning to piezometric head data for predictions of mass transport in groundwater modeling[J]. Mathematical Geology, 1996, 28(7): 951-968.

附录 A　第五章场景 S4 和 S5 的结果

S4 和 S5 场景的结果如图 A. 1 至图 A. 4 所示。图 A. 1 为更新后 ln*K* 的集合均值和集合方差；图 A. 2 和图 A. 3 分别为在第 60 个时间步结束时水头和污染羽流的第 300 次实现、集合均值和方差；图 A. 4 和图 A. 5 分别为用更新后的源参数和渗透系数计算的＃1 和＃2 的水头和溶质浓度的时间演变。

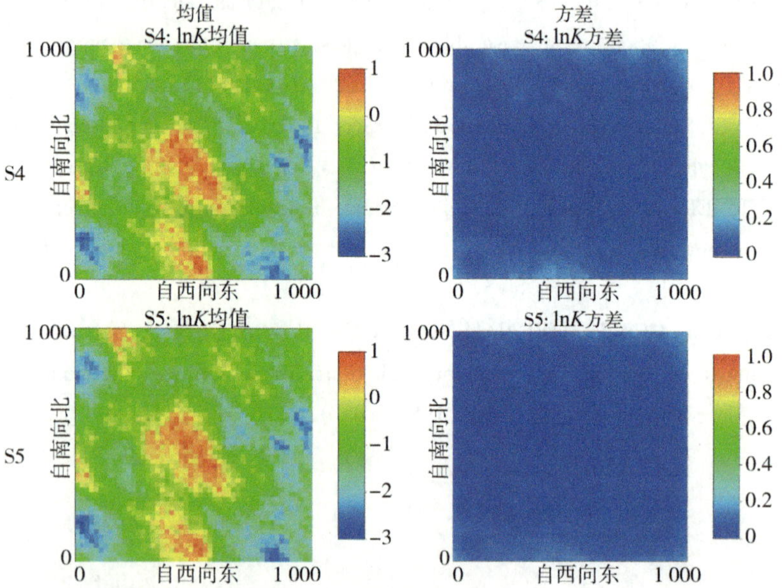

图 A. 1　S3 和 S4 场景更新的测井渗透系数实现的集合平均值和集合方差（该图为图 5-4 的补充）

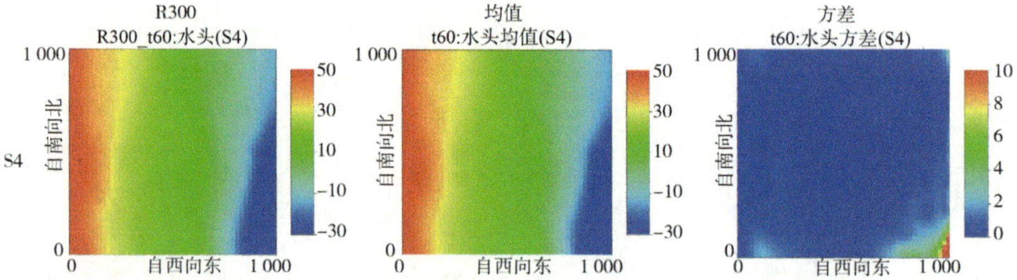

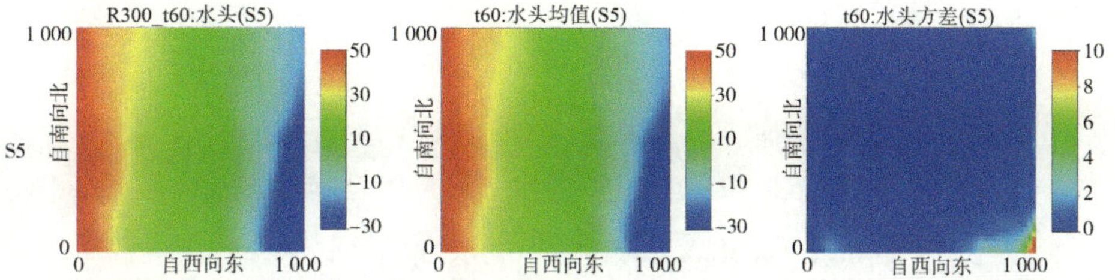

图 A. 2　S4 和 S5 场景采用在第 60 个时间步结束后用更新参数计算的水头数据（该图为图 5-6 的补充）

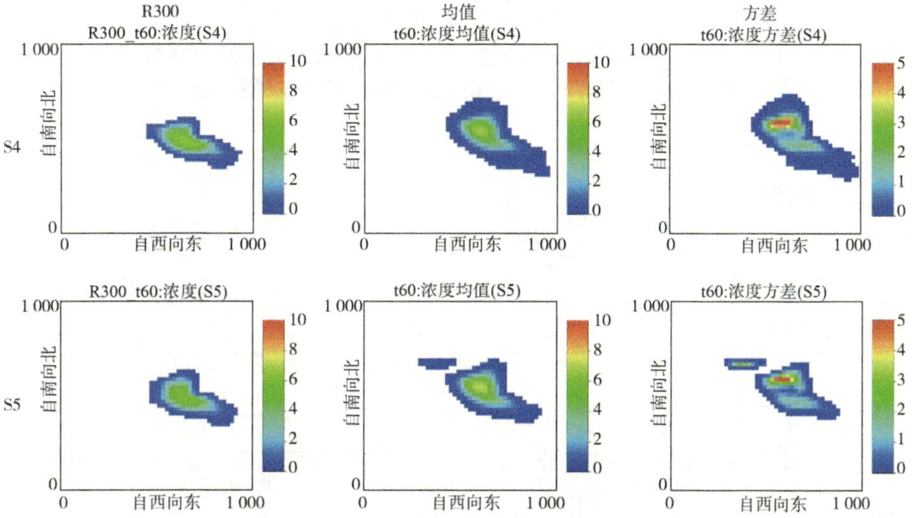

图 A. 3　S4 和 S5 场景在第 60 个时间步结束时用更新参数计算的污染物羽流（该图为图 5-7 的补充）

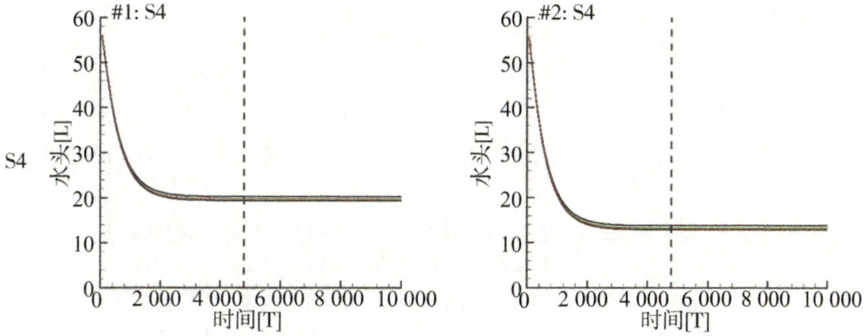

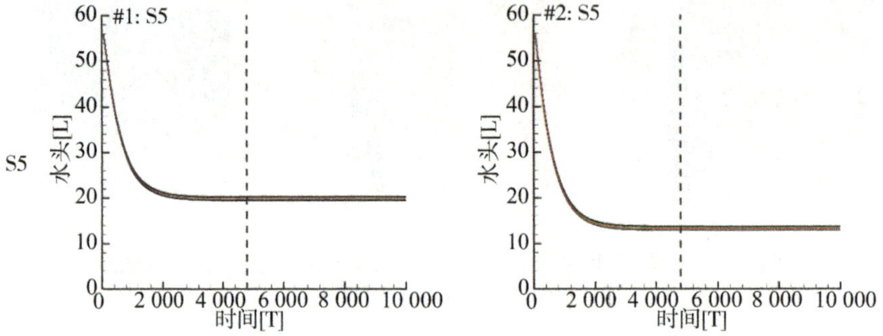

红线为不同验证#水头的时间演变，黑线为所有实现的5%和95%，绿线为中位数，垂直虚线标志同化期的结束。

图 A.4　场景 S4 和 S5 采用第 60 个时间步结束时更新的参数计算的#1 和#2 的水头的时间演变(图 5-9 的补充)

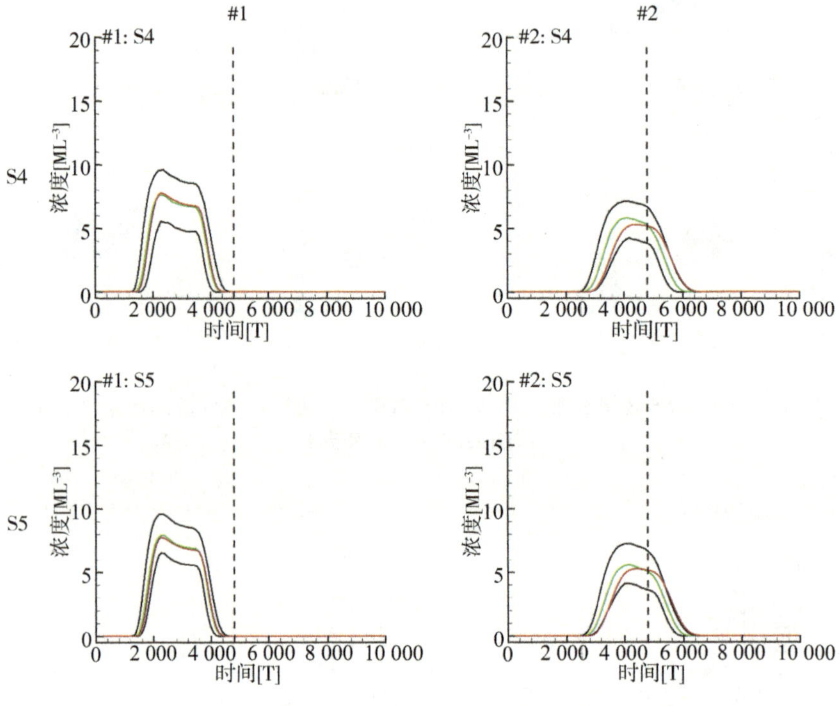

红线为不同验证#溶质浓度的演变，黑线为所有实现的5%和95%，绿线为中位数，垂直虚线标志同化期的结束。

图 A.5　场景 S4 和 S5 采用第 60 个时间步结束时更新的参数计算的#1 和#2 的溶质浓度的时间演变(图 5-10 的补充)